A otra cosa

Título original:
Changing the Subject. Art and Attention in the Internet Age

Traductora:
María Victoria Cincunegui

Diseño de tapa:
Estudio Argiz

SVEN BIRKERTS

A otra cosa

EL ARTE COMO MODO
DE SUPERAR LA DISPERSIÓN
EN LA ERA DE INTERNET

GRANICA

ARGENTINA - ESPAÑA - MÉXICO - CHILE - URUGUAY

Título original: *CHANGING THE SUBJECT (Art and Attention at the Internet age)*
Copyright © 2015 by Sven Birkerts
Published by arrangement with Graywolf Press
© 2019 *by* Ediciones Granica S.A.

ARGENTINA
Ediciones Granica S.A.
Lavalle 1634 3º G / C1048AAN Buenos Aires, Argentina
granica.ar@granicaeditor.com
atencionaempresas@granicaeditor.com
Tel.: +54 (11) 4374-1456 Fax: +54 (11) 4373-0669

MÉXICO
Ediciones Granica México S.A. de C.V.
Calle Industria N° 82 - Colonia Nextengo - Delegación Azcapotzalco
Ciudad de México - C.P. 02070 México
granica.mx@granicaeditor.com
Tel.: +52 (55) 5360-1010. Fax: +52 (55) 5360-1100

URUGUAY
granica.uy@granicaeditor.com
Tel: +59 (82) 413-6195. Fax: +59 (82) 413-3042

CHILE
granica.cl@granicaeditor.com
Tel.: +56 2 8107455

ESPAÑA
granica.es@granicaeditor.com
Tel.: +34 (93) 635 4120

www.granicaeditor.com

Reservados todos los derechos, incluso el de reproducción en todo o en parte,
y en cualquier forma

GRANICA es una marca registrada
ISBN 978-950-

Hecho el depósito que marca la ley 11.723

Impreso en Argentina. *Printed in Argentina*

Birkerts, Sven
   A otra cosa : el arte como modo de superar la dispersión en la era de
internet / Sven Birkerts. - 1a ed . - Ciudad Autónoma de Buenos Aires :
Granica, 2019.
   272 p. ; 22 x 15 cm.

   Traducción de: María Victoria Cincunegui.
   ISBN 978-950-641-983-7

   1. Ensayo Sociológico. I. Cincunegui, María Victoria, trad. II. Título.
   CDD 303.483

Agradezco a los siguientes editores: Chris Agee, Tom Lutz, Dinah Lenney, Adam Garfinkle, Robert Wilson, Peter Campion, Louis Lapham, Bill Pierce, Aidan Flax-Clark, Christian Wiman, Rose Mary Salum y Ross Andersen.

Mi agradecimiento también a Askold Melnyczuk, Tom Frick, George Scialabba, Tom Sleigh, Lynn Focht-Birkerts, Mara Birkerts, Liam Birkerts, Christopher Benfey, Peter Balakian.

A la querida memoria de Seamus Heaney.

Índice

En o alrededor de 11

La pelusa de lo material 37

Serendipia 61

La habitación y el elefante 73

Eres lo que cliqueas 93

La vida en la colmena 109

"Elijo 'El infierno en una canasta' por quinientos, Alex" 119

"No es porque sea un ludita rezongón, lo juro" 129

André Kertész y la lectura 141

Computadora portátil: leer en una era digital 151

El verano de Bolaño. Una publicación sobre lecturas 171

Quiere encontrarte 187

El síndrome Salieri. Envidia y logros 201

Ocio 217

"El poeta" de Emerson — Un círculo 231

El punto inmóvil 245

Atender a la libélula 257

"En o alrededor de diciembre de 1910", escribió Virginia Woolf con una imprecisión provocadora, "la naturaleza humana cambió", proclama que quizás se haya hecho más famosa de lo que realmente merecería. Woolf se refería a la entonces reciente exposición de pintura posimpresionista que había tenido lugar en Londres, al sostener que el arte cuenta con el poder de reconstituir la conciencia, aunque por supuesto nosotros, al igual que Woolf, sabemos que ninguna obra o representación posee semejante tipo de poder en sí misma. Probablemente la naturaleza humana ya estuviera cambiando, y el giro en el estilo artístico constataba ese hecho. Si bien las palabras de Woolf quisieron ser una maniobra de atracción periodística y no deberían ser consideradas a nivel histórico, la aseveración sin lugar a dudas crea un pretexto. Después de todo, siempre que se encuentren en juego mitologías culturales más grandes, en realidad a nadie le importa cuál es "objetivamente" el caso —no existe objetividad posible en un campo que vibra al son de subjetividades que se atropellan unas a otras—. La frase es citada con tanta frecuencia porque expresa un deseo colectivo reprimido —de momentos de transformación sobresalientes, de acontecimientos psíquicos individuales a gran escala—. Y muchas veces el deseo es mayor que las principales objeciones de los escépticos, quienes sostienen que pase lo que pase la masa de la humanidad continúa como siempre lo ha hecho; que nada —ningún cataclismo ni, definitivamente, ninguna exposición— la hará descarrilar de las vías de lo cotidiano, del inconsciente de seguir hacia adelante. Pero creo que ni siquiera el escéptico más acérrimo podría negar que también poseemos un apetito amplio e impreciso de cierto tipo de transformación (un viraje grupal hacia el sentido que debe estar relacionado con los anhelos milenarios que están en el centro de las religiones reveladas).

Lo que quiero analizar aquí es la idea de un cambio penetrante y la percepción común de dicho cambio, así como el modo en que las percepciones compartidas se convierten en aceleradoras y consolidadoras de la transformación. Intento capturar algo que se asemeja mucho a esos gases que carecen de color, forma, olor o sustancia evidente, que son indetectables a no ser por las consecuencias que generan —analogía que me conduce con cierta facilidad a mi punto de partida—. Me refiero a un acontecimiento que significó para mí un despertar en el mismo sentido de Virginia Woolf pero mucho más desastroso, como fue el atentado a las Torres Gemelas del World Trade Center del 11 de septiembre, hecho que me sobrecogió de ese mismo modo primitivo, mientras volvía manejando a mi casa, como ningún relato de guerras o grandes descubrimientos científicos lo había hecho antes: la conciencia de que estamos atrapados en un sistema inmenso, uno que es gobernado por fuerzas que no podemos controlar y que pueden ser —como *fueron* en ese caso— esencialmente invisibles.

Mi iniciación en la Era Moderna Tardía o Posmoderna tuvo lugar el 28 de marzo de 1979, con la noticia del accidente de la central nuclear Three Mile Island en Middletown, Pensilvania. Ese día circularon boletines televisivos y radiales ininterrumpidos acerca de un colapso de sistemas sin precedentes y una inminente liberación de enormes cantidades de material radiactivo —suficiente, se dijo, como para contaminar toda la costa este—. La tragedia me arrojó a un estado de pánico interno. No podía dejar de escuchar cómo se desarrollaban los acontecimientos, hora tras hora: la crisis, la magnitud del peligro, los esfuerzos de contención aparentemente inadecuados. Sentía que mi propio núcleo colapsaba. Y esa intensidad aterradora fue en lo primero que pensé la mañana del 11 de septiembre de 2001, cuando las noticias e imágenes de una ciudad inmersa en humo negro, de una aeronave secuestrada, de otros blancos posibles nos golpeaban una detrás de la otra. De pronto me encontré nuevamente en aquella pequeña habitación de Cambridge como hacía dos décadas, escuchando mi radio de pilas, siguiendo los informes sobre el aspecto y la propagación de la nube radiactiva que durante mucho tiempo parecía dirigirse hacia la costa oriental, igualmente casi convencido de que por fin el apocalipsis era inminente.

En el transcurso de esas horas en mi habitación me di cuenta —"invadió" mis entrañas de una manera que nunca antes había experimentado, ni siquiera durante las preocupaciones de mi infancia relacionadas con la bomba atómica— de que se había hecho añicos mi suposición de lo local, de la segura soberanía de un lugar. Era muy probable que algo que estaba ocurriendo muy lejos podía cambiar mi vida (y la de todos), y ese "algo" era un poder que había sido creado por el ser humano y era invisible. Sin dudas, aquellas paranoias nucleares originales me habían sacudido profundamente, pero por algún motivo no habían arrancado de cuajo mi visión del mundo. Ahora sí sentía que estaban ocurriendo verdaderos cambios. A pesar de que a través de mi ventana todo se viera igual que siempre, todo había sido modificado desde este nuevo conocimiento. Los árboles de ayer, los automóviles estacionados, la bicicleta del hijo del vecino… su ubicación era la misma, pero la atmósfera que los rodeaba ya no era igual.

TMI fue la sigla que ingresó en nuestro acervo popular luego de Three Mile Island: los periodistas escribían TMI, al igual que ahora mencionan el 11-S o Katrina, y todos sabíamos qué significaba. Luego pasaron los años, media generación de por medio y, por supuesto, la remembranza aterradora se desvaneció. Sin embargo –he aquí la grandiosa paradoja–, a medida que una acepción de TMI fue esfumándose, apareció silenciosamente otra que la reemplazaría. Recuerdo que estaba sentado a la mesa hace unos pocos años. Todos escuchábamos a mi hijo Liam mientras nos contaba algo que había oído en la escuela. Estaba explicándonos la situación, cuando de repente su hermana mayor, Mara, hizo chasquear los dedos cerca de sus oídos y profirió: "¡TMI, TMI!". Quiso decir, tal como explicó luego de ver mi rostro confundido, "demasiada información"[1]. Esta última acepción del acrónimo ha ido a parar a uno de esos cementerios lingüísticos adonde se van los viejos clichés, pero para el escritor oportunista que desea reflexionar acerca de la inundación de datos en nuestra cultura entera –nuestro mundo entero– y la transfiguración de nuestros modos de vivir en manos de las tecnologías de la información, no existe una coincidencia de acrónimos más representativa. TMI puede considerarse nuestro nuevo mantra. "Demasiada información." Pero ahora no lo digo alegremente o con simpatía, sino más bien con un poco de aquel temor que acompañaba a la primera acepción, manteniendo aquel antiguo significado como una raíz etimológica. Lo que quiero decir es que encaja, resuena. La nueva cultura de la información también es ominosamente sistemática, invisible y extendida. Nos está cambiando con tal uniformidad sutil de presión que apenas nos damos cuenta de que estamos siendo cambiados, y eso es lo que perturba al extremo.

¿Por qué no se habla más sobre eso? ¿Donde están nuestra conmoción y nuestro asombro? La respuesta obvia es que no somos buenos para ciertos tipos de cambios, ya sea para percibirlos o aceptarlos. Nuestra biología racional casi siempre rechaza las meras suposiciones. ¿Calentamiento global? ¿Cambio climático? Muchas veces, asomarnos por la ventana alcanza para asegurarnos de que todo está bien. Para

---

1 En inglés, demasiada información se dice *too much information*, cuyas iniciales son TMI. (N.de la T.)

muchísimas personas ver continúa siendo sinónimo de creer. Pero también existe la deformación contradictoria, el hecho de que de la mano de esta resistencia más profunda se encuentra nuestra extraordinaria adaptabilidad humana. Adaptabilidad que, por supuesto, es menor frente a contratiempos y percances que ante ciertas clases de cambios que brindan tranquilidad. Con cuánto entusiasmo adoptamos nuestras nuevas tecnologías. Toda la gama de ellas. Fue necesario poco más de una década para que vastas porciones del mundo se abastecieran de computadoras, e incluso menos tiempo para que ocurriese lo mismo con los teléfonos celulares —sinónimo de comunicación portátil universal—. Y luego aparecieron los teléfonos inteligentes, el combo casi irresistible para que nos volviéramos ubicuos. Una maravilla se apresura a cuestas de la otra en un flujo incesante de innovaciones. Sin tiempo para dar un segundo vistazo, estamos vadeando la cada vez más grande corriente de lo nuevo. Si sugerimos, sin embargo, que estas elecciones nos están modificando gravemente a nosotros y al mundo que nos rodea, es probable que nos topemos con una incomprensión algo enervada. "¿Cambios? ¿Qué dices? Las cosas no son tan diferentes. Sin dudas, son más sencillas que antes." Lo nuevo engulle el recuerdo de lo antiguo. No percibimos el impulso precipitado. Desde la ventanilla de un avión ejecutivo que avanza a mil kilómetros por hora el cielo azul parece completamente inmóvil.

El asunto de la transformación *es* esquivo, y se me ha ocurrido una analogía para probar lo que digo. Imagino a un hombre, Adán, que no es exactamente el primer hombre, pero sí su representante simbólico. Imagino a Adán, un ciudadano de la ciudad de Boston de finales de 1700, a orillas del mar un día de verano, cuando ve que a la distancia una figura se le aproxima lentamente, cual espejismo que va tornándose real. A la vez, en una pantalla mental paralela, evoco a su equivalente del nuevo milenio, Zenón, posterior en el alfabeto, parado exactamente en el mismo lugar y mirando del mismo modo a alguien que se acerca. Digamos que las generalidades son más o menos las mismas —las playas de arena no cambian demasiado su apariencia básica, incluso teniendo en cuenta la erosión costera—.

Adán nunca viajó fuera de un radio de ciento sesenta kilómetros de la ciudad en donde nació. Se informa acerca del mundo desentrañando lo escrito en las grandes hojas de periódicos ocasionales y por conversaciones con amigos y vecinos. Digamos que ha oído nombrar un lugar lejano llamado "China", e incluso una vez vio en las calles de su ciudad a un hombre que, cree, era chino. Pero no sabe nada más de tal lugar, ni de ningún otro.

En cambio, su equivalente de la actualidad, Zenón, ha viajado un poco en su época (en automóvil y en avión), ha recorrido gran parte del país; incluso ha viajado al exterior algunas veces. Tiene la edad suficiente como para haber visto el primer alunizaje junto a sus compañeros de escuela en un televisor en blanco y negro que fue llevado al gimnasio de la institución con ese objetivo. Actualmente, lee el periódico de Boston todas las mañanas mientras toma café (tras haber dado una ojeada a las principales noticias en línea), escucha la radio mientras maneja y continúa informándose por la tarde-noche a través de algunos de sus programas televisivos favoritos. Su trabajo, a casi cincuenta kilómetros de su hogar, requiere que utilice la computadora a diario, y pasa horas recibiendo y respondiendo mensajes, así como siguiendo información relacionada con su trabajo por internet. Ya no escribe cartas; en cambio, mantiene un contacto activo vía correo electrónico con personas como su hermana, que vive en España, y su hija, que estudia en una universidad de California. A ella le envía mensajes con su teléfono. Zenón tampoco ha ido jamás a China ni sabe mucho de la historia de dicho país. Sin embargo, al igual que todos en esa época, siguió en los noticieros la cobertura de los sucesos en la plaza Tiananmén y sabe, también, que con un par de clics puede rastrear casi cualquier información que necesite precisar.

China, por supuesto, representa solo un ejemplo que debe multiplicarse por miles para apenas comenzar a insinuar cuán disímiles son las cosmovisiones de los dos hombres. Ese es el quid. Similares a nivel biológico, en el mismo lugar, haciendo la misma cosa simple, parecería que Adán y Zenón están atravesando experiencias idénticas, pero yo diría que no es así; en absoluto. "En o alrededor de diciembre de 1910", escribió Virginia Woolf, "la naturaleza humana cambió". Y, a pesar de que ninguno de los hombres en ese momento esté pensando en China, o en las computadoras, o en los disturbios de la noche anterior en la cervecería —ninguno de ellos está pensando demasiado en nada—, es absolutamente diferente su experiencia del acto más elemental que consiste en observar. Tal como escribió Wallace Stevens en su poema *Metáforas de un magnífico*: "Veinte personas que cruzan un puente y entran en un pueblo son veinte personas que cruzan veinte puentes y entran en veinte pueblos". Es decir, aquello que las personas observan es diferente a un nivel elemental profundo *porque ellas son completamente diferentes*, no solo en términos de sus historias personales, sino porque son distintas las circunstancias que las han formado en todo sentido, crearon las estructuras de sus conciencias, sus fenomenologías.

El problema es obvio: no hay manera posible de medir o comparar subjetividades, no entre contemporáneos vivos y mucho menos entre personas de épocas históricas diferentes. Solo podrían hacerse suposiciones extrapoladas sobre la base de una suerte de proyección empática. Pero aun así, tengo la fuerte intuición de que ahora contamos con un sentido de la presencia humana diferente, mucho más disminuido; de que aquello que podemos denominar la gravedad específica de las cosas —objetos, sucesos— se encuentra reducida de manera proporcional a la expansión de nuestro campo de conocimiento. Adán filtró lo que veía a través del tamiz de su tiempo y lugar (es muy posible que viera la figura acercándose como un "otro" manifiesto y sólido). Mientras que Zenón, cuyo filtro es bastante más complejo, tiene una percepción distinta. Su "otro" es volátil, se mueve a través de un aire distinto.

Me permito utilizar este imaginario sencillo para representar mi percepción de un cambio colectivo inmenso, ya que la argumentación analítica lineal se derrumba ante lo subjetivo. Y aquí estoy interesado en lo subjetivo. Lo subjetivo, así como el poder transformador de las tecnologías de la información, constituyen el telón de fondo, la *base* de todo lo que quiero debatir.

Información. Primero, la describiría en términos de datos y contextos, dos ideas que necesariamente trabajan a la par. Presento los términos al comenzar, ya que si bien vivimos en la llamada "era de la información", muy poco de lo que ahora nos afecta es realmente información. Son datos. El mundo en que vivimos produce y replica datos a una velocidad y en cantidades abrumadoras, y tales datos —los números y hechos, el flujo digital de nuestras organizaciones y sistemas— solo *se convierten* en información, es decir, se tornan *utilizables*, cuando puede dárseles un contexto. Pensemos en el programa de preguntas y respuestas de la televisión estadounidense *Jeopardy!*, en donde una categoría y una pregunta son necesarias para convertir un simple dato en información. Hecho: árbol de cerezo. Categoría: presidentes estadounidenses. Pregunta: ¿qué cortó George Washington de pequeño? Para que un dato se vuelva información debe adquirir un valor transitivo: debe considerárselo *para* algo.

La ecología humana natural siempre ha sido autorreguladora; los individuos se han enfrentado a las circunstancias del mundo, extrayendo del ruido que los rodea la señal, la información que necesitan, creando jerarquías de importancia, trabajando en pos del equilibrio psicológico vital entre lo lejano y lo cercano, entre el entorno sensorial inmediato y el otro: la realidad más grande, totalmente determinada pero no visible. Mi Adán del siglo XVIII lidiaba casi de manera exclusiva con el mundo inmediato que tenía a su alcance. El moderno Zenón, en un contraste sorprendente, a veces siente que se mueve en su ámbito local como si estuviera en un sueño. Muchas veces su atención está en otro lado, porque debe estarlo. Gran parte de la información vital para su bienestar proviene de otro lado, en la forma de números e instrucciones verbales. Entre Adán y Zenón vemos que el equilibrio se tambalea espectacularmente de un lado al otro, de una realidad física materializada a un lugar de datos incorpóreo.

La vida moderna nos encuentra enredados en sistemas que creemos necesitar y que nos necesitan, de los cuales cada día resulta más difícil liberarse. Todos estos sistemas comparten una estructura común que parte de lo digital. Proliferan a través de dígitos y códigos, se entrelazan; en *ninguna instancia* simplifican o aclaran nuestra realidad física materializada o nos acercan a ella. Su maquinaria sináptica, casi neural, avanza mediante la creación y difusión constantes de datos. Y el proceso se encuentra en incesante aceleración. Hace poco, por ejemplo, experimentamos la transición del impulso eléctrico que nos inundaba de cables —rastreables físicamente— a lo que ahora son redes inalámbricas, en esencia invisibles. La velocidad, cantidad y presencia de información se intensifican, a pesar de que nuestra conciencia del *contexto* en que se originó se diluya cada vez más. Simplemente eso está allí, alrededor de todos nosotros. La información y los datos ya no se perciben como una vasta acumulación de ítems independientes, sino que por el contrario constituyen un entorno envolvente. El trasfondo y el primer plano se han desplazado casi sin que lo notásemos. Incluso hace algunas décadas estas señales se movían frente a nosotros de modos que esencialmente comprendíamos; ahora, nosotros nos movemos en medio de ellas. El medio ya se percibe como algo dado.

Admitan mi razonamiento de que estamos experimentando una explosión de datos sin precedentes, que nuestros conocimientos tecnológicos, acelerados por aquellos casi independientes y autónomos de las máquinas que hemos creado, nos han colocado en la situación del aprendiz de brujo de *Fantasía*, la película de Disney, quien, debido a todas sus órdenes frenéticas, demostraba ser incapaz de seguir el ritmo de la inundación que él mismo había desatado. La tecnología ahora ha sobrepasado de tal manera la capacidad humana de integrar su producción que la premisa humana fundamental del contexto se encuentra en estado de sitio. El pensador sobre medios George W. S. Trow tituló sus reflexiones sobre nuestra era informática, extensas como un libro, con su grito de advertencia: *En el contexto del no contexto*. Eso fue allá por 1980, pero jamás ninguna frase ha parecido más adecuada.

Nuestras nuevas circunstancias no nos han llevado a la psicosis colectiva. Al menos no todavía. Pero, paradójicamente, nos han conducido a lo que a primera vista pareciera ser una suerte de solución tecnológica. Las computadoras, la principal fuente de esta proliferación, también se han convertido en nuestra principal herramienta para contextualizar, recabar, organizar y combinar, y así crear cuasicontextos para agrupar datos. Motores de búsqueda como Google trabajan con enlaces y etiquetas para brindarnos el material que necesitamos. Vivimos dentro de una dinámica incesante de siembra y cosecha cibernéticas. El alcance de nuestro acceso ha aumentado inconmensurablemente. ¿Qué podría haber de malo en eso?

He aquí una pregunta clave. Y de cómo la respondamos dependerá en parte de cuál pensemos que debería ser el lugar del individuo en la sociedad de información masiva. Los críticos podrían sostener que los efectos a gran escala de esta inundación son una abstracción fundamental, un distanciamiento de la realidad —al dejar que nuestras máquinas reúnan y prioricen datos para nosotros— *además* de una renuncia psicológica crucial. Parece que afirmáramos que "eso", el mundo, el universo de datos, en su conjunto es demasiado para nosotros. Y como en última instancia el flujo de datos es tan determinante de nuestras vidas (a nivel monetario, social, intelectual), esta entrega de nuestro poder no es poca cosa.

Consideremos al respecto —y como contraste necesario— *¡Escanee este libro!*, el ensayo tan discutido del ciberescritor Kevin Kelly, publicado hace varios años en la revista del *New York Times*. La esencia de lo que postula Kelly es que ahora contamos con la habilidad tecnológica para digitalizar todos los textos del mundo y, por ende, estamos cerca de crear una biblioteca digital universal para hacer búsquedas, una versión radicalmente expandida de lo que ya es posible con Google y la red informática mundial. El artículo describe emprendimientos de digitalización masiva que ya están escaneando la totalidad de las obras de las principales bibliotecas y generando bases de datos con ellas.

Sin embargo, a pesar de lo apasionado de Kelly acerca de este conflujo total de información, está casi eufórico respecto del paso siguiente y sus repercusiones. Escribe: "La verdadera magia vendrá (…) cuando cada palabra de cada libro esté entrecruzada, agrupada, citada, extractada, indexada, analizada, glosada, remezclada, reorganizada y entretejida más profundamente en la cultura como jamás lo ha sido. En el nuevo mundo de los libros cada extracto informa sobre otro; cada página lee todas las otras páginas". Resulta un poco complejo comprender la logística en el primer intento, pero la dirección es suficientemente clara. También resulta significativo el hecho de que la frecuencia estadística con que se activan estos hipervínculos y etiquetas creará jerarquías automáticas, caminos algorítmicos de usos preferidos que delinearán y priorizarán ciertas ideas y conexiones. Si aceptamos la metáfora definitoria de nuestro tiempo de que las computadoras modelan un funcionamiento neuronal, entonces resulta que una base de datos universal es parecida a una colosal variedad de cerebros extendidos. El siguiente paso de la analogía es evidente: inteligencia colectiva. Después de todo, como dice la frase tan citada del neuropsicólogo Donald Hebb, "las neuronas que se disparan juntas permanecen conectadas", y todas las últimas teorías de funcionamiento neuronal consideran la memoria y la inteligencia como el producto de impulsos eléctricos que viajan a través de un campo de sinapsis, con repeticiones que determinan el poder y la intensidad de lo que experimentamos como contenidos.

Las consecuencias son impactantes, al estilo huxleyano de *Un mundo feliz*. Una biblioteca digital universal, un cerebro universal. Una mente colectiva que piensa con jerarquías determinadas. Ciencia ficción pura, espero. Kelly también ha escrito un libro titulado, significativamente, *Fuera de control: La nueva biología de las máquinas, los sistemas sociales y el mundo económico*, que, en resumen, propone la organización social de las abejas como una especie de modelo para sociedades humanas en la era de la información. Para el autor, el futuro consiste en acercarse cada vez más a la experiencia humana unitaria e interconectada; lo opuesto al individualismo subjetivo en derredor del cual se ha erigido gran parte de nuestra cultura occidental posterior al Iluminismo.

Podríamos dejar de lado a Kelly como flautista *new age*, aunque su postura no es más que la proyección extrema de lo que está pasando alrededor de todos nosotros, quizás en formas menos drásticas pero no menos evidentes. Me refiero a un deslizamiento hacia una fusión electrónica, un enjambre social, con toda la nivelación sistémica de idiosincrasia que eso implica. La explosión (y aquí, la palabra no es una hipérbole) del uso de teléfonos celulares sin dudas es un claro movimiento en esa dirección, al crear una densidad de comunicaciones entrecruzadas totalmente diferente de la que ocurría cuando el teléfono era un electrodoméstico. El acceso universal ha dejado de ser una suposición poco probable para convertirse con rapidez en una expectativa, y en consecuencia está cambiando nuestro comportamiento social —si quieres que te tengan en cuenta, debes estar conectado—.

Consideremos el veloz crecimiento de Wikipedia, con su modelo colaborativo de código abierto para generar y perfeccionar entradas temáticas en un rango abrumador de asuntos (una recopilación exponencialmente mayor que la antigua *Enciclopedia Británica*). El néctar del conocimiento reunido por el enjambre remoto. Se trata de una realización palpable de un modelo descentralizado y horizontal, un ejemplo precursor de una fuente de conocimiento integral y única que hasta el momento estaba diseminada en numerosísimos textos y cuya responsabilidad residía en infinidad de autoridades consagradas.

Una vez más, ¿qué podría haber de malo en un compendio de conocimiento generado por una comunidad, siempre que *sea* conocimiento y no meras habladurías incontrastables? Desde un punto de vista —sin dudas, el de Kevin Kelly–, absolutamente nada. Parece tratarse de un ejemplo estimulante de personas que trabajan juntas, como construir pirámides pero sin supervisores ni faraones. Y podría verse como una especie de apoteosis del progreso humano. Pero para aquellos haraganes que nos preocupamos por el destino del individuo, de la *idea* de lo individual, que nos atoramos con el adjetivo *humano* de *progreso humano* y creemos que los *sistemas* y los *yoes* son antónimos, puede verse como otra migración hacia el *ethos* del pensamiento grupal.

La información, entonces, las ideas, referencias, todo aquello por lo cual acudíamos a distintos libros y, por ende, comprendíamos como el fruto del conocimiento, de la erudición y del trabajo personal cada vez más parecen provenir de una fuente omnipotente, neutral y única. ¿Cómo no va a amenazar esto la idea de autoría y socavar por completo la vieja concepción de que el conocimiento no es un absoluto unilateral, sino una acumulación complejamente trabajada, una estructura que consta de una piedra colocada sobre otra?

La consolidación digital, junto con la uniformidad de los procedimientos de acceso, trabajan de manera agresiva, al contrario que el sistema anterior de contextos. La imagen de la información que derivamos de la *idea* de libros independientes da paso a la imagen de la información como algo que proviene de una terminal resplandeciente. Y si bien a partir de este enfoque digital no perdemos nada en términos de acceso a la información, comenzamos a olvidar de qué se trata realmente la producción de conocimiento. Nos convertimos en niños que "se olvidan", o quizás nunca hayan aprendido, que la leche proviene de las vacas, e imaginan que de algún modo se genera en los cartones que su madre compra en la tienda.

A un nivel más amplio y general, entonces, están ocurriendo dos cosas interrelacionadas. Una de ellas es que la red neural masiva fomenta el colapso de contextos que antes parecían estables, lo cual nos desintegra y nos convierte en grupos de interés o afinidad anestesiados. Gradualmente abandonamos nuestra inversión en la idea de un centro, y a medida que lo hacemos comenzamos a perder la antiquísima noción que relaciona al individuo a través de la comunidad con los sistemas sociales más amplios, lo que se denomina "el contrato social". Otro desarrollo, en una suerte de compensación, es el florecimiento de vías virtuales de interconexión. Buscamos compensar la alienación provocada por el sistema electrónico a través de usos específicos de dicho sistema. Puede ser que estemos más alejados que nunca de la comunicación física, pero descubrimos redes de afinidades inimaginables hasta ahora —personas en el mundo entero que comparten nuestra pasión por determinado estilo de música interpretada con banyo—.

Se ha vuelto más difícil que nunca mantenerse al margen del tendido electrónico y su dinámica dual, que destroza las antiguas estructuras de apoyo y que al mismo tiempo alienta el nuevo modelo de compromiso superfluo. Nuestra historia de amor con el correo electrónico constituye un buen ejemplo. La transmisión electrónica básica es una cosa. Ofrece una facilidad y unae inmediatez en tiempo real que la tradicional carta escrita no podría igualar. Y por consiguiente nuestras comunicaciones han proliferado de manera análoga. Pero se trata de compensaciones. Porque enviar y recibir correos electrónicos también significa adentrarse en el *sistema* de los *e-mails*, implicarse en la red. Como usuario, tengo tanto la explosión sin fricción del contacto —una ruptura inmediata de la división entre tiempo y espacio— *como también* la sensación, huidiza pero real, de estar dando un paso hacia atrás respecto de mí mismo.

Cuando entro en la red, me da la sensación de que hay algo diferente en mi visión periférica, quizás en mi propia vida. Por más focalizado que esté en una sola comunicación, también me distraen las posibilidades constantes de otras comunicaciones. En teoría, el portal al mundo entero se encuentra abierto. Esta es una de las particularidades de encontrarse en la malla de una red: la incesante periferia, el tomar conciencia en todo momento del mundo amplio y a un solo clic de distancia. Y por eso, yo ocupo un campo gravitatorio distinto; soy más liviano, más poroso. La diferencia entre las vías de antes y las nuevas no es meramente imaginaria. La escritura de la carta en papel supone el hecho de una transmisión física, en tiempo y espacio reales, y un mensaje literalmente tangible. La continuidad subliminal corrobora mi sensación de estar en el mundo, del mismo modo que escribir y recibir correos electrónicos me coloca dentro de una suerte de paréntesis, con cierto grado de apartamiento.

Utilizar las nuevas vías de comunicación como lo hago yo –como casi todos lo hacemos– significa aceptar las leyes del nuevo sistema, tanto en el sentido de facilidad y acceso modificado, como en la sutil división interna de sí mismo, y también una creciente dificultad con respecto a las formas anteriores. En la actualidad, si me dispongo a escribir, doblar el papel, poner la dirección, estampillar y enviar por correo postal una carta casi lo percibo como una imposición, como si estuviera nadando a contracorriente. Aunque algunas veces solamente nadando descubrimos que *existe* una corriente. Lo mismo sucede en otros tantos frentes. Lo sentíamos en cierto punto si teníamos que utilizar monedas en un teléfono público, o esperar en la fila del banco, o cuando no podíamos dar con el contestador automático de alguien y teníamos que dejar el circuito incompleto. Caminar hacia adelante también significa volverse incapaz de quedarse atrás.

Envuelto en semejante saturación radical de señales que compiten entre sí, el yo naturalmente actúa en pos de mantener su equilibrio. Tenemos diversas opciones. Podemos intentar poner frenos a la cantidad, y si no lo conseguimos simplemente interrumpirlo, aprender a dirigir nuestra atención de manera selectiva; o bien economizar mediante miradas superficiales y tener en cuenta lo más destacado de un libro, un suceso, un discurso o una conversación. Cuando es posible, nos apresuramos o dividimos nuestra atención de manera tal que podemos realizar diversas actividades a la vez; somos multitareas. La tecnología ayuda: podemos establecer reuniones a través del teléfono móvil mientras conducimos y editar archivos mientras nos ponemos al día con las noticias. Esta capacidad resulta cada vez más necesaria —una ventaja— y, por ende, cada vez mejor recompensada. Pero, una vez más, vale la pena que nos preguntemos sobre el costo, que sin dudas significa una pérdida de enfoque, de atención, compromiso y conexión. Los límites no son para nada claros. Yo me asombro al descubrir que *soy* capaz de responder un correo electrónico mientras hablo por teléfono, aunque también soy consciente de que no realizo ninguno de los dos intercambios con la eficiencia con que podría hacerlo. Negociamos un conjunto de aptitudes a cambio de otro, y así debilitamos aún más nuestro sentido de estar enraizados en nuestra realidad material.

Este debilitamiento es lo que inevitablemente ocurre cuando se divide o fragmenta la atención. Después de todo, una experiencia, un encuentro solo es tan intenso, tan "real" según sea nuestra capacidad para responder a él; siempre se trata menos del acontecimiento en sí que de la percepción que tengamos de él. En un extremo del espectro todos somos capaces de un compromiso intenso y de una distracción dispersa en el otro. ¿Quién de nosotros imagina que está exento? Que la gallina de la vecina ponga más huevos que la mía tiene más que ver con el deseo de un mayor foco que con la verdadera cantidad de huevos. A menudo me invade más una sensación —y creo que a muchos nos pasa— de no estar adecuado para vivir en el mundo que me rodea. Suelo preocuparme por mi grado de abstracción. No dejo de repetirme que estaría más vivo si tan solo pudiera deshacerme de la rivalidad entre mis pensamientos y mis conocimientos, y prestase más atención a lo que se encuentra directamente delante de mí. La tecnología ha interpuesto un fino telón de señales y distracciones entre mi realidad física inmediata y yo. El hecho de que muchas de dichas señales y distracciones sean invisibles solo las hace más insidiosas y difíciles de gobernar.

El sistema de correos electrónicos es apenas un ejemplo de la distracción que ha pasado a ser parte del proceso de interactuar con otros. Cada uno de nuestros diversos dispositivos crea sus propias distracciones divisivas, que pueden ser tan intensas como para afectarnos aun cuando únicamente sean los demás quienes las utilizan –lo cual indica el alcance y la naturaleza de su influencia–. Sentarse en un banco junto a dos personas que están conversando es muy distinto que hacerlo junto a una persona que está hablando por su teléfono celular. La tecnología ensucia el momento con su desconcertante introducción en "otro sitio", le quita al hablante la posibilidad de una presencia inmediata y delimitada, lo cual tiene consecuencias en todo el ambiente. Mi conciencia de posibilidades desconocidas –de otros ámbitos– se entromete del mismo modo que cuando envío y recibo correos electrónicos. Todas esas intromisiones –quienes utilizan en público sus computadoras portátiles producen el mismo efecto– alteran la percepción del momento, lo dejan sutilmente desconectado, al margen y sin una conexión plena. Siento que algo profundo en la ecología humana es perturbado. El presente inmediato es socavado, perforado por una sensación de extrañeza. Me pasa lo mismo cuando le hablo a alguien que no me mira.

Considerando nuestros propios e inevitables ajustes al torrente de estímulos de la vida moderna –toda la edición, los vistazos, la separación y el aceleramiento– y la creciente agresión psicológica por parte de quienes utilizan sus dispositivos, nos resulta cada vez más difícil generar y luego sostener el grado de atención (enfoque) necesario para involucrarse por completo en una experiencia. Muchos de nosotros tenemos una irritante sensación de ingravidez y transparencia, una ansiedad persistente de que nos está faltando la satisfacción más grande, *más profunda* de vivir –y todos sabemos bastante sobre cómo se percibe el verdadero compromiso como para notar su falta–. Sin embargo, en lugar de revertir nuestros pasos (y esto es fundamental) se nos condiciona para buscar una solución en la misma tecnología. Máquinas de ruido blanco, dispositivos de bloqueo para teléfonos, la clasificación y organización del software, más canales y más formatos de almacenamiento, banca por internet, entradas preadquiridas; para cada problema del posmodernismo alguien ha dispuesto una solución posmoderna. Una "app". Y si estas estrategias funcionan en el corto plazo, su efecto "en red" introducirá aun otro estrato entre nosotros y el mundo, otra fuente de levedad; y no se trata de una levedad ágil y sofisticada, sino de una algo más próxima a la desconexión metafísica que Milan Kundera evocaba en su "insoportable levedad del ser".

En este panorama general, ¿dónde estamos y hacia dónde nos dirigimos? Y, si la dirección que tenemos no es necesariamente la que deseamos, ¿por qué pareciera que no notamos la naturaleza de los cambios que están ocurriendo y no respondemos a ellos? Si bien cada vez hay más debates públicos sobre los efectos de la tecnología y cómo enfrentamos las transformaciones mundiales —los cambios en los lugares de trabajo y en el comportamiento social—, no existe un cuestionamiento más profundo respecto de los fenómenos de nuestra vida digital. ¿Acaso se ha modificado nuestra idea misma de cambio? ¿Es parte de la naturaleza del cambio el hecho de no parecerlo? A veces pienso que en realidad *somos* conscientes de la transformación, pero que nuestra ansiedad subliminal hace que se manifieste con una negación. No solo existe un rechazo a dar crédito a la situación, sino también una actitud defensiva ante cualquiera que proponga que podría ser un problema. *¡Conservadores!*

Reconozco que la mayoría de las personas verdaderamente no quieren escuchar que el mundo podría estar cambiando sus características centrales en profundidad y que ellas —todos nosotros— podrían estar implicadas. Nos rompe el corazón la idea de que algo pueda perderse más allá de lo recuperable. El impulso por insistir en el *statu quo* esencial se refuerza por el hecho de que día tras día la apariencia de las cosas no se ve tan obviamente alterada. Gran parte de la nueva tecnología es minúscula, del tamaño de un chip, casi invisible en su aparente funcionamiento —ni punto de comparación con la maquinaria eruptiva de la Revolución Industrial—. Estos avances, estas actualizaciones progresivas parecen pequeñas, y nuestra capacidad de absorción y ajuste es, tal como ya lo he propuesto, inmensa. ¿Pero alguna persona pensante realmente considera que la enormidad de concesiones no tienen consecuencias?

La pregunta obvia a continuación es: *¿qué se puede hacer?* Y para ella no existen respuestas simples. El gigante de la tecnología no será detenido, ni siquiera ralentizado, no mientras ese gigante produzca ingresos considerables. Tampoco pienso que vayan a modificarse nuestros apetitos, ni que vayamos a reconocer abiertamente que *existe* algún problema con el modo en que vivimos. Todos los indicios nos muestran que buscamos más, mayor intensidad, en un impulso decidido *hacia adelante* en lugar de buscar una pausa, una verificación o —más improbable aún— una vuelta atrás.

Si observamos con detenimiento la secuencia a lo largo del tiempo y percibimos cuán rápido hemos ido desde nuestros dispositivos prototípicos —teléfonos de disco giratorio, televisores de tubo, etc.— hasta el grácil desplazamiento de la vida digital inalámbrica, es difícil rechazar por completo alguna versión de la hipótesis de la colmena. ¿Con qué contamos para detener el impulso hacia el comportamiento electrónicamente colectivizado? ¿Con qué fundamentos defendemos el yo, un yo independiente comprometido con una existencia singular en lugar de unificada? Hace poco releí el ensayo clásico de Emerson *Autoconfianza* —carta magna del individualismo estadounidense—, y me pareció un folleto de una civilización perdida. Hemos pasado de una idea de autosuficiencia a otra de dependencia de sistemas complejamente entrelazados. La realización de una individualidad autónoma ya no es nuestro principal ideal más atractivo (si es que alguna vez lo fue).

Si bien no puedo dar una respuesta integral a la cuestión de la autodeterminación *versus* la identidad grupal, tampoco puedo evitar extrapolar constantemente mis propias experiencias y reacciones y buscar novedades positivas. He aquí un ejemplo relevante. Un tiempo atrás, después de años de verla en las librerías, husmearla y curiosearla previamente, por fin compré y leí la novela de Shirley Hazzard *El tránsito de Venus*, de 1980. Fue la elección correcta, algo que últimamente me ocurre muy raras veces. Desde la primera página, mi humor y mi íntima necesidad subjetiva se encontraron de frente con lo que la autora ofrecía. Sin dudas, el grado del desafío era bastante elevado; *El tránsito de Venus* es una novela repleta de frases poéticas precisas y aforismos morales densamente comprimidos, pero me sentía presionado hacia el esfuerzo. De hecho, el libro me inspiró hasta *desear* el esfuerzo; lo hizo al recompensarme con claridad, enfoque interno y una capacidad plena para imaginar sus personajes y situaciones. Pasé cuatro o cinco días leyendo, inmerso como en los viejos tiempos, recordando lo que puede brindar la mejor escritura de este tipo.

Descubrí que no solo me encontraba atrapado a medida que daba vuelta las páginas, sino que también estaba bajo su hechizo de una forma bastante particular cuando no estaba leyendo, y luego durante varios días después de haber terminado. En resumen, la novela me inspiró. Me recordó cuánta presión podía imprimir el lenguaje artístico —en un formato narrativo— al entendimiento. Volvió a confirmarme el poder potencial del arte. Tanto fue así, que unos días después de haber terminado de leerla, me encontré deteniéndome al costado del camino —algo que casi nunca hago— para escribir alguna idea que no quería que se me esfumara. Recuerdo claramente que sostenía un trozo de papel contra el tablero y escribía: "Las obras de arte son proezas de la concentración". Y luego, al rato, añadir: "La imaginación es el instrumento de la concentración".

Por supuesto, la mayoría de estos momentos de "¡eureka!" son como las fotografías que tomamos de las seductoras formaciones de nubes. Al mirarlas luego, sin esa sensación del momento, no podemos recuperar aquello que nos había parecido tan fascinante. Sin embargo, cuando tuve ese destello —*las obras de arte son proezas de la concentración*— no solo me aclaró cosas importantes para mí, sino que me conectó nuevamente con mi constante preocupación por las transformaciones tecnológicas. Allí se encontraba la idea conectora que había estado buscando, aquella que me demostraba que lo que consideraba como dos proyectos de pensamiento independientes en realidad estaban íntimamente vinculados.

Tengo montones de archivos en donde borroneo teorías acerca del estado cambiante de la imaginación. No recuerdo cuándo comencé a reunir estas ideas, pero tengo en claro por qué. Me he encontrado subrayando una y otra vez —para mí o en conversaciones con otras personas— que el nuestro es un período extraño sin muestras de una fuerza artística. Contamos con una profusión de obras en todos los géneros y asombrosas nuevas expresiones híbridas, pero pocas parecen tener el impulso, ese poder revelador que no solo las hace memorables, sino también influyentes. ¿Aún podemos hacer un arte que cambie el mundo? ¿Existen novelas, sinfonías, exposiciones respecto de las cuales una Virginia Woolf contemporánea pudiera escribir: "En o alrededor de..."? Esta inquietud suele surgir en conversaciones con poetas y novelistas, así como con artistas de otros ámbitos. ¿Qué ha pasado con la imaginación artística? Con seguridad, todos podemos mencionar algunos libros y espectáculos ambiciosos y encomiables, pero, ¿hay algo que en los últimos tiempos haya tomado la sortija con ambas manos? El interrogante, por supuesto, radica en si aún *existe* la sortija que pueda ser tomada. Las cosas cambiaron. Vivimos en una cultura global, creada en parte por internet. Y vivimos en una cultura artística balcanizada, repleta de nichos, lo cual también podría decirse que es consecuencia de la velocidad y facilidad con la que internet crea comunidades basadas en intereses, gustos y predilecciones. Dentro de este nuevo orden de cosas, ¿dónde encontramos al artista, el movimiento, el estilo que pueda considerarse definitorio? Cuando se está lidiando con un impulso tan poderoso hacia la "fragmentación" —el *ethos* del bazar—, ¿cómo pueden esperarse expresiones culturales-artísticas unitarias?

Comprendo que el expresar esto me coloca en una posición de elegíaco, de reaccionario que aún piensa en términos de "obras superiores" en un momento en que la idea de obra importante puede ser considerada sospechosa, retrógrada. Sinceramente, el repudio de la categoría de obra maestra podría ser de por sí una inevitable respuesta teórica frente a la situación que ha cambiado. Me desentiendo de la controversia (por ahora) e insisto en que no estoy debatiendo el asunto de las grandes obras o, incluso, sobre el estado de los criterios estéticos, sino que apenas ofrezco pruebas sugerentes de que podríamos estar viviendo un tiempo en donde la imaginación individual *ya no puede*, o *aún no puede* —enorme diferenciación— ofrecer una síntesis desafiante e integral, ni que decir innovadora, del mundo en su constante y masivo cambio.

Las obras de arte son proezas de la concentración, escribí. Y *la imaginación es el instrumento de la concentración*. Aquí mi mente puede estar trabajando de manera estúpidamente silogística, pero dada mi percepción de una notable escasez de trabajos artísticos emblemáticos en nuestra era actual, debo preguntarme si las mismísimas fuentes de la imaginación artística no podrían estar agotándose, en peligro de extinción.

Imaginación. La considero básicamente como la capacidad de engendrar imágenes, imágenes visuales, pero también las más amplias posibilidades narrativas que sostienen los mundos de cierto tipo de lenguaje. La imaginación está vinculada tanto con un conocimiento de la insuficiencia del mundo tal como lo encontramos, como con la fantasía; crece a partir del deseo de afirmar que existen mundos opuestos o alternativos frente a lo conocido. Los niños son su conducto más inocente, y por supuesto los artistas, aquellos pocos afortunados y malditos que han llevado tal poder hasta la adultez. Y quienes nos involucramos con los trabajos de artistas y escritores somos sus beneficiarios, aunque, por supuesto, lo sentimos con menor intensidad.

Una cosa es que el niño que aún persigue nubes de gloria ejerza tal poder, y otra distinta que lo haga el adulto atribulado. Todos sabemos que los artistas y escritores deben recluirse y proteger sus energías más profundas. Por un lado, el proceso es generador —canaliza los impulsos de hacer e inventar— y, por otro agresivamente defensivo, ya que implica mantener a raya las distracciones del mundo.

En caso de que verdaderamente *exista* una disminución a gran escala de la imaginación artística —aunque, ¿cómo podríamos medirlo?—, sugiero algunas posibles causas. En primer lugar, el hecho de que el propio impulso creativo ha disminuido, y los artistas se sienten menos presionados por interpretar o responder a la realidad con que se encuentran. El volumen del ruido (y las señales) en competencia cuanto menos ha sobrecogido a los centros íntimos, ha minado el poder de resistencia que necesita el artista para alejarse del mundo y asegurarse una esfera de enfoque. O también es probable que nuestra realidad, mediada y por completo reconfigurada, simplemente se resista a ser utilizada como material de transformación creativa, que su naturaleza cada vez más huidiza y centrada en los medios tan solo no se preste a representaciones creativas exitosas. Los escritores siempre han delineado los comportamientos de las personas en el mundo y, hasta hace poco, ellos han sido rastreables. Pero la mayoría de la gente ahora pasa gran parte del día frente a una pantalla, y buena parte de sus comunicaciones ocurre a través de un sistema de circuitos. Una cosa es representar esto, y otra, crear un drama a partir de eso.

Si damos crédito a estos factores, es muy probable que trabajen en conjunto, y vale la pena que pensemos sobre sus consecuencias. También nos brindan una manera de concebir la atención. Una capacidad disminuida para prestar atención, ¿afecta a nuestros deseos de sentir? ¿Reduce la pulsión creativa y al mismo tiempo nos hace más susceptibles a nuestra realidad externa inmediata? Respecto del mundo en sí mismo, se vuelve mucho menos fácil de usar, parece obvio. Nuestra vida se ha vuelto físicamente menos tangible, más dispersa y abstraída, más *virtual*. Intentar capturarla para su representación —en la forma creativa que sea— es un nuevo desafío bajo el sol. ¿De qué manera estas nuevas vidas que llevamos, cada vez más enmarañadas entre códigos y señales, ofrecerán las formas o permitirán las inflexiones dramáticas que requiere el arte?

Este podría ser el motivo por el cual mi destello de pensamiento tras la lectura de Shirley Hazzard me resultó tan apasionante. En ese momento reconocí que si el arte verdaderamente *es* un acto de atención concentrada, además al mismo tiempo es un poder que no solo transmite mensajes, el contenido que es su pretexto, sino que también almacena —*y pone a disposición*— una enorme energía compactada. Me refiero a la energía que en primer lugar hizo que fueran posibles la visión y expresión. El involucrarnos con una obra de arte genuina no solo nos brinda la experiencia humana, sino que a la vez nos pide algo de la misma atención que en primer lugar desencadenó el impulso creativo del artista.

Cada vez creo con más firmeza que el arte —a través de la imaginación— es la antítesis necesaria para nuestra crisis de exceso de información. Explico esto refiriéndome de nuevo a los conceptos básicos de *imaginación* e *información*. La imaginación es un poder formativo interno, independiente y generador. La información, por el contrario, y en su definición original, transmite al interior desde el exterior. Estar informado es recibir una copia de ideas o —y nuevamente destaco la etimología— de impresiones. *La imaginación crea formas; la información impone formas.* La primera constituye la energía del yo, mientras que la segunda es la energía del mundo. La salud de la dinámica entre el yo y el mundo guarda una estrecha relación con la vitalidad del yo en el mundo y aclara el lugar del arte. A riesgo de repetirme —la idea me resulta *tan* importante—, diré que cuando se lo encuentra de la manera acertada, cuidadosamente, el gran arte, el ambicioso y consagrado, no solo nos eleva hasta su nivel, sino que también nos brinda energía en forma de atención, nos ofrece una integridad reflexiva que nos ayuda a contrarrestar la fuerza de fragmentación de las señales y las infinitas distracciones de los datos. Nos defiende, al menos por un rato, contra el desgaste que nos amenaza en todos los frentes. Pero más que un refugio o santuario, constituye una inoculación, un compromiso preventivo en nombre del individuo y mantiene el ideal de "individuación", tan amenazado pero aún viable.

La literatura expresiva por lo general se dirige al yo privado. En primer lugar, su impulso va directo, cualesquiera sean las otras ambiciones declaradas del creador, al "yo" del lector. Ya sea que un libro tenga un lector o cien mil, se ofrece a la soledad contemplativa del individuo (la invita y la genera). Y si a veces la lectura parece ser la comunión con uno mismo más intensa posible, ello es así porque dicha soledad contemplativa es la versión más pura del yo.

* * *

Existe una profunda lucha entre las necesidades del yo privado y el impulso colectivo hacia una nueva totalidad. La sentimos como ansiedad, desapego, una sensación de estar incompleto; una aflicción privada a la cual respondemos –si lo hacemos– acudiendo a terapia, medicamentos, meditación y ejercicios de liberación de endorfinas. De hecho, nuestra cultura parece estar, en todos los flancos, en guerra con la ansiedad y el descontento. Y podría volverse bastante peor antes de mejorar, si es que existe esta última posibilidad. Ya que los sistemas simplemente crecerán y proliferarán y así destruirán antiguos contextos y solo ofrecerán la tentación de las últimas tecnopanaceas.

Me preocupan estos asuntos, pero no he perdido la esperanza por completo. Las raíces del yo son muy profundas, no podrán ser erradicadas o incluso anestesiadas *tan* fácilmente. Atrapados en la torsión –una vez que nos damos cuenta de que estamos atrapados–, tenemos algunas alternativas. Y si buscamos salvaguardar o recuperar nuestra autoconciencia íntima, nuestra singularidad existencial, entonces podríamos escaparnos del abrazo total de nuestras redes y reconectarnos individualmente con los circuitos del arte. El arte sirve al alma especialmente al demandar y crear atención. La misma atención que en sus primeras etapas nos permite filtrar las señales significativas del ruido que distrae y, en última instancia, revitaliza la conexión del yo con el mundo.

La pelusa de lo material

Tengo un vago recuerdo muy particular en este momento, complejo y evocativo, nada desdeñable, aunque a primera vista pudiera parecer tan nimio como el movimiento de alternar las dos mitades de la cáscara de un huevo roto para separar la yema, o extraer lentamente una pluma atascada en la maraña de una boquilla de aspiradora; a pesar de que este último recuerdo —apareció de la nada, inmediatamente provechoso— es de otro tipo, ya podría decirse que tiene un lugar en el museo de gestos anticuados. No recuerdo qué estaba haciendo, qué pudo haberlo disparado, pero de repente allí estaba: la textura de una bola de polvo apelmazada en la punta de los dedos y el fuerte chirrido que emitía el aparato cuando la yema del dedo se arrastraba contra la punta de la púa.

Han pasado años desde que toqué por última vez un tocadiscos, pero la sensación quedó *grabada* en mí, producto de varios miles de repeticiones en lo que podrían ser una docena de lugares diferentes en donde viví y me rodeé de música.

Y sin dudas hubo diversos tocadiscos, comenzando por el elemental juguete para niños —ya ni lo recuerdo— en el que pasaba los pocos discos de 45 rpm que tenía, que *sí* recuerdo porque eran transparentes, rojos y amarillos, como nunca más volví a verlos. Tenía uno, lo sé, llamado *Cacahuetes*

—¡por favor! ¡Qué delicia, comer cacahuetes![1]— y otro, *Swanee River*[2], que, lógicamente, me hacía pensar en un río repleto de cisnes y que también, sin explicación aparente, me ponía triste cada vez que sonaba, lo que era muy seguido. Y como debía haber una púa allí, era inevitable que también hubiese polvo —entonces no debo estar equivocado al pensar que hice ese ruido fuerte y rechinante por primera vez casi cincuenta años atrás—.

Y lo hice con frecuencia durante mucho tiempo en mi preciado equipo de música, aquel que me regalaron para un cumpleaños en algún momento de mi secundaria: una valija grande y cuadrada que al abrirla se convertía en un plato con dos parlantes desmontables, con cables lo suficientemente largos como para permitir que los colocara en lados opuestos de la habitación en la que estuviese. Arrastré el aparato conmigo durante una década entera (no tenía tantas cosas y tampoco las reemplazaba tan seguido). Un aparato estereofónico era algo que *tenía*, como una guitarra (y mi Gibson de aquellos días aún me acompaña y puede tocarse), y en mi vida de empleado y trabajos extraños no había muchas posibilidades de "más grande" o "mejor". Funcionaba, lo usaba todos los días y compraba discos cuando podía. Durante años, no pasaba un solo día sin que me acompañase su recordada banda sonora. Ahora me maravillo con el hecho de que mi provisión básica de discos, quizás unos cien, me bastara para orquestar mis estados de ánimo y constituyera una variedad suficiente. Pero también me maravillo con cómo toleraba (o incluso quizás ansiaba) la repetición, el hacer sonar los mismos discos, tema tras tema en conocida sucesión; los *años* de eso...

Entonces podemos hablar de los miles de chirridos amplificados mientras la punta de los dedos quitaba la pequeña bola de pelusa del

---

1 En inglés, la frase alude a una conocida canción infantil, *Goober Peas*, o "Cacahuetes". (N. de la T.)

2 Nombre de un río que, en inglés, se asemeja a la palabra *swan*, es decir, cisne. (N. de la T.)

extremo de la púa, sensación interesante ahora para mí no solo porque encaja en el enorme tejido de lo que recuerdo, sino también porque determina la sólida *cualidad objetiva* de las antiguas formas —aunque nunca lo pensáramos así— con mayor vigor que las de ahora. Y a veces me parece que lo único que ambas formas tienen en común es el hecho de que se trata de exactamente el mismo dedo, siempre el dedo índice de la mano derecha es el que trabajaba, ya sea para quitar el polvo de la púa o para seleccionar un ícono en cualquier dispositivo portátil que ahora almacena la música disponible. Ese mismo dedo índice, por cierto, aún realiza la tarea de pasar, una a una, las hojas de los libros que leo, y si alguna vez decidiera cambiar de tecnología y comenzara a utilizar cualquier tipo de lector electrónico de libros, lo usaría para arrastrarlo hacia la página siguiente.

Estoy imaginándome el emblema de la RCA Víctor: *la voz de su amo*, que —he descubierto— es el título de una pintura realizada en 1899 por el artista inglés Francis Barraud. La obra —y el reconocido emblema— de un perro, con su cabeza inclinada frente a la trompeta de un gramófono antiguo, perplejo, preguntándose qué está haciendo la voz de su dueño dentro de ese objeto cuando no se encuentra el dueño a la vista. No puedo asegurar, en términos de semejante cuestionamiento básico, si soy mucho más evolucionado que el perro, cuyo nombre era Nipper (Chiquitín), casualmente. Por supuesto, yo sabía que quienes tocaban la música que estaba escuchando no estaban dentro de los parlantes, pero es probable que Nipper también supiera lo mismo con respecto a su dueño. Él simplemente no estaba seguro de cómo podía estar escuchando la voz. Al igual que yo, y de un modo profundo, aún no lo estoy. ¿Cómo podía ser que la púa electrificada, al moverse lentamente a lo largo de los canales que se espiralan en el vinilo, fuera capaz de emitir tales sonidos nítidos y conmovedores? ¿Cómo era que la voz y la guitarra podían habitar *de manera tan precisa* en un redondel tan delgado? Sabía que tenía que ver con las vibraciones de sonidos que dejaban huellas precisas en una superficie material, y que de alguna manera los movimientos de la púa a lo largo del recorrido de dichas huellas reproducían los sonidos originales. Pero cómo *realmente* funcionaba todo, aún es un misterio para mí.

El cambio de grabaciones en vinilo a CD fue significativo, tanto a nivel psicológico como tecnológico. Si bien el disco plateado y brillante se asemejaba físicamente a su predecesor en unos cuantos aspectos —aún era un objeto circular con un agujero en el centro—, las diferencias eran muchas. Y también simbólicas. El disco tenía dos lados y había que "darlo vuelta" para obtener la experiencia completa, lo que subrayaba su temporalidad, y además el hecho de que sus contenidos estaban organizados de tal manera que el disco plateado comprimía su material en una sola cara. Los temas ya no estaban demarcados; todo lo que se veía era una superficie elegante y tornasolada. Y para escucharlo había que deslizarlo dentro del reproductor. Desaparecía, y con eso el proceso a través del cual la información codificada en el disco se convertía en sonido pasaba a ser una conjetura; algo relacionado con un láser que escaneaba dígitos. Para cambiar de pista ya no era necesario mover el brazo hasta el lugar deseado, sino simplemente tocar un botón. Si bien mi conocimiento sobre cómo una púa extraía sonido de un vinilo era rudimentario y aproximado, al menos incluía elementos materiales y de física básica. No puedo decir cómo un láser traduce la información digital; en efecto, no sé cómo se procesa la información en un formato digital, fuera de balbucear algo sobre secuencias de código binario, de unos y ceros que son "leídos". Puede ser que no me encuentre solo en esto. Y tampoco estoy seguro de que sea un asunto generacional. ¿Cuántos adolescentes y veinteañeros conocidos de mis hijos, o incluso los que apenas superan los treinta a quienes enseño, podrían explicarlo de una manera clara?

Lamentablemente, sería muy tarde para aprender la lección. Ahora el CD, ese artefacto resplandeciente y alguna vez tan futurista, se vislumbra como un objeto sustituido. ¡Qué rápido lo olvidan! Aún hay ensayos por escribir acerca de las transformaciones psicológicas que atravesamos relacionadas con muchas de nuestras tecnologías: desde el miedo y escepticismo iniciales, pasando por la aceptación precavida, la adaptación y el respaldo, el acostumbramiento que roza con la indiferencia, hasta la insatisfacción ante la promesa de algo nuevo.

El reproductor de CD, a pesar de que aún está entre nosotros —y al que se aferra la vieja guardia manteniéndolo con respiración artificial por la abundancia de reproductores existentes, ya que alguna vez fueron instalados en todos lados—, junto con el DVD ha sido desplazado por tecnologías de retransmisión continua o *streaming*, tanto de audio como visuales; dispositivos que toman sus señales digitales de la atmósfera digital de modos aún más incomprensibles que lo visto hasta ahora.

* * *

En la actualidad, la naturaleza de la transición es incluso más espectacular y reveladora. En el caso de los CD y DVD, si bien es difícil analizar tecnológicamente su funcionamiento (código de lectura láser), al menos aparenta tener alguna causa. Pero si hoy me subo a mi bicicleta fija, como todos los días, y tomo el iPod de mi esposa con sus auriculares, me entrego a un poder incomprensible mucho mayor. La pequeña pantalla se enciende, selecciono el ícono de una aplicación azul con la letra "P" (de Pandora, una estación de radio por internet) y espero que comience el jazz, la secuencia de melodías determinada por algún "algoritmo de preferencia", una frase que me sugiere que la relación "si le gustó X, entonces le gustará Y", no ha sido establecida por el criterio de ningún individuo, sino por un muestreo más abstracto de datos de usuarios; así es. Me siento sobre un aparato que no se mueve hacia ninguna parte mientras a través de unos incómodos adminículos para los oídos escucho música cuya secuencia desconozco, ya que es emitida por un pequeño dispositivo plano cuyo funcionamiento ni siquiera estoy cerca de comprender. Y sí: si ahora alguien me dijera que es mi problema, que podría esforzarme y encontrar lo que necesito (ni qué hablar de montar una bicicleta con ruedas de verdad que me conduzcan por un terreno real), tendría que reconocer que tiene razón.

Aunque creo que el asunto más amplio continúa allí. Ya que la manera diferente en que escuchamos música es solo un ejemplo sintomático; gran parte de mi (nuestra) vida, de nuestra interacción con el mundo, muestra la misma dinámica, delinea una transformación similar de procesos comprensibles en otros incomprensibles, con la usurpación de funciones mecánicas por funciones digitales. Si estoy con ánimo de quejarme, puedo tomarme el día para ir al campo. Cuán pocos serán los intercambios carentes de mediación, cuán raros los contactos directos o, incluso, de voz —qué confuso proceso se ha instalado ahora entre casi cualquier cosa y yo—. No siempre notamos esto. Adaptamos nuestras expectativas poco más o menos de manera automática. Ya no hacemos llamadas telefónicas a la espera de que nos salude una voz humana; aceptamos que pagaremos por esto o aquello mediante la inserción de un ticket y de una tarjeta de crédito, completamos con números y códigos los campos señalados. Tanta abstracción y supresión en la rutina cotidiana podría despertar nuestro apetito por los intercambios que realmente importan y hacer que nos reunamos con nuestros familiares y amigos con un impulso más fresco y una necesidad más aguda. O podría conducirnos a encontrar alivio en nuestras páginas de Facebook. No lo sé.

Sin embargo, algo que *sí* está claro es que estas sublimaciones diversas deterioran el sentido básico tangible (o táctil) de conexión con personas y procesos. Cada vez percibimos menos que existe alguna potestad específica individual involucrada. Intente obtener la respuesta a una pregunta o rectificar un error y será transferido de una extensión a otra, de enlace en enlace, hasta que pierda la cabeza. Si al final una persona responde, es muy probable que ella se encuentre dentro de un cubículo en otro continente y que no tenga autoridad alguna. En todos los niveles la potestad humana se encuentra anulada por protocolos guionados; entonces surge la pregunta de si incluso la persona al mando cuenta con poder para intervenir. Por supuesto que este diferimiento de imputabilidad no es una consecuencia arbitraria de la evolución de estos sistemas, sino que constituye una parte de su eficacia estructural. Y no es necesario que vivamos muchas experiencias de este desvanecimiento de la acción humana responsable para que comencemos a suponer que ese tipo de sistema está detrás de cada transacción que realizamos. ¿Cómo sería posible que esto no afectase nuestra experiencia de existir en el mundo? En lo personal, me consta que este conocimiento me hace sentir cada vez más vulnerable y nervioso. Temo que, ante cualquier calamidad económica o física (en especial con médicos y compañías de seguros), seré una víctima digital, sin que puedan establecer mi identidad, comprobar mi afiliación, para contactar con la persona o autoridad pertinente. ¿Irracional? Quizás, pero la preocupación no carece por completo de fundamento.

* * *

Otro aspecto condicionante de nuestra vida inmersa en lo tecnológico, que ni de lejos impactaba tanto cuando la tecnología aún era mecánica, es la absoluta implacabilidad de la innovación —o visto desde otro lado, la incesante obsolescencia— que culmina en *nuestra propia* sensación de ser desplazados o sustituidos. A veces parecería que no hubiera signos que indicaran nuestra viabilidad cultural, o su falta, con mayor transparencia que la antigüedad de nuestro celular o computadora. Poseer un dispositivo de escaso rendimiento —uno que no pueda (¡santo cielo!) acceder a internet o enviar fotos, o quién sabe qué otra cosa— es declarar la incapacidad esencial para los rigores del siglo XXI.

Para estar seguros, los estadounidenses hemos vivido siempre con cierta presión consumista, de no ser menos que el vecino, pero nunca de esta manera ni en tantos frentes. Hubo largas décadas, lo sabemos, en que el teléfono de disco era un artículo básico —y luego, otras décadas más en que fueron desplazados por nuevas versiones con botones—, y no recuerdo haber tenido en esos años la sensación de que si te faltaba esta o aquella característica de discado o botón estabas frito. Pero claro que ya no hablamos más de características de discado. En la actualidad la palabra *teléfono* es un eufemismo para designar un centro de comunicaciones portátil, y siguiendo el *ethos* de nuestra era, uno solo vale según sean sus conexiones. En ninguna parte los indicadores de estatus son analizados tan cuidadosamente como entre los usuarios jóvenes. Su celular, sus aplicaciones; su lugar está en parte determinado por su equipo y su habilidad para utilizarlo. Y, por supuesto, por la calidad de su perfil de contacto, los sitios de las redes sociales, que son el campo de juego de tantas cuestiones de esta tecnología compactada.

En consecuencia, lo normal sería que la presión por permanecer a la vanguardia de lo tecnológico se sintiera con mayor intensidad entre la juventud, y así es. Pero muchos sienten la presión por permanecer en el juego (al menos, de no ser descartados por completo) y por lo tanto, si la necesidad de una actualización constante no es creada por la propia tecnología, proviene del deseo normal de ser aceptado. Lo absurdo de la obsolescencia tecnológica fue retratado con mucho humor en la película *Wall Street*, que comienza con una escena en que liberan de prisión al delincuente financiero Gordon Gekko. Cuando le devuelven sus efectos personales, entre ellos hay un teléfono celular que luego de unos pocos años repentinamente parece uno de esos *walkie-talkies* codiciado en la década de 1950 por los niños bañados en sangre de la Segunda Guerra Mundial.

–PERO, ¿CÓMO PUEDE COMUNICARSE? NI SIQUIERA TIENE UN TELÉFONO CELULAR.

Es cierto, me avergüenza, estoy *orgulloso* de decirlo. Corre el año 2015 y no tengo teléfono celular y nunca lo he tenido. No tener un celular –más bien, *insistir* en no tenerlo– es terquedad. Es estúpido. Estoy pidiendo que se mofen de mí y ni siquiera sé muy bien cómo defenderme. Hace que mi vida sea un constante forzar el tema. Pero, quizás sea eso lo que de alguna manera deseo o necesito. Puedo decir que se trata de una "investigación". Sin dudas, mi estado (que es un *no* estado) me ha permitido realizar una lectura informal de las cambiantes expectativas culturales que rodean a esta tecnología –y quizás, por inferencia, a otras similares–. He percibido un cambio que ha ido desde un desconcierto tolerante respecto de mi falta de equipamiento hasta una leve irritación y –cada vez más– un rotundo enojo por parte de algunos. Esto se relaciona bastante con lo que recuerdo viví hace más de veinte años, cuando no compré de inmediato un contestador automático o, poco después, cuando no me apresuré a hacer fila para instalar internet. Es cierto, soy tozudo. Al ver que todo el mundo a mi alrededor hace algo, mi inclinación es *no* hacerlo. Obstinado por temperamento, seguramente. Aunque eso es de mucha utilidad para la investigación.

Quiero aclararlo. No soy un negado en otros frentes. No soy un ludita empedernido. Estoy en línea, como casi todo el mundo, y vivo mi vida demasiado envuelto en diversas redes digitales para tener algún fundamento moral sobre el cual sustentarme. Pero también quiero comprender qué estamos haciendo de manera colectiva al abrazar la cultura electrónica; qué nos ocurre en cuanto a lo cognitivo y psicológico, cómo puede estar cambiando nuestra comprensión de nosotros mismos. Entonces, cuando comencé a darme cuenta de que el hecho de no poseer un teléfono celular estaba causando roces con la gente que me rodeaba, me interesó el tema. Me preguntaba: ¿no podría extrapolarse algo que se pareciese a una enorme bestia de esta porción de ADN?

Antes de cualquier extrapolación, sin embargo, ahondaré en mi rechazo, o en lo que los demás llaman "negación". En un principio, cuando pasarse al celular era una alternativa, elegí no hacerlo –me parecía innecesario, una extravagancia, una suerte de pavoneo– y muchos otros parecían sentir lo mismo. Pero después de más de una década he pasado a ser visto, por el solo hecho de no modificar mi sintonía, como una especie de Bartleby[3]. Lo cual, claro, me lleva a preguntarme por qué después de todo tantos otros *sí* decidieron adaptarse –o aceptar lo

---

3   Referencia al cuento del estadounidense Herman Melville, *Bartleby, el escribiente*. (N. de la T.)

que se vino–. ¿Fue el descubrimiento de necesidades y usos, el poder del marketing mediático o la presión social? Sí, sí y sí. La última no debe subestimarse; todos somos susceptibles al pensamiento del grupo. ¿Cuáles son los factores? ¿La mayoría de nosotros realmente quiere estar en la ola del "ahora" digital? ¿O se trata más bien de que la gente teme *no* estar en dicha ola? ¿Podrían ser ambas afirmaciones ciertas a la vez? Casi todas las personas que conozco hacen las mismas quejas superficiales respecto de la distracción, la trivialidad, la frustración, la alienación... lo que quieran. A la vez, existe claramente cierto deseo poderoso y, pareciera, creciente de estar en contacto; expresarnos, saber de los demás, estar inmersos en ese ritmo que por un tiempo calma nuestra soledad esencial.

La explosión del uso de teléfonos celulares cambió las reglas de juego. El hecho de que haya más gente que pueda hacer llamados sin estar atada a una línea fija significaba más llamadas, y esto redundó en una mayor probabilidad de que quienes no se habían mudado al celular estuvieran perdiendo llamadas. Junto con eso –de nuevo, gradualmente–, surgió la expectativa de accesibilidad. Las respuestas que antes podían esperar la recepción de la llamada o del mensaje adquirieron un nuevo factor de urgencia. El margen de tiempo aceptable para la respuesta comenzó a reducirse, y no ha dejado de hacerlo –ya que, si existe alguna reticencia a hacer una llamada de voz, *no* hay excusa alguna para no enviar una respuesta por mensaje de texto–. Y ha proseguido una revisión extensa (y continua) de las reglas de etiqueta. En 2015 soy la misma persona que en el año 2000 –al menos en términos de mis hábitos de llamadas–, pero en ese lapso he adquirido los cuernos del diablo. Las mismas respuestas que brindaba horas o un día después y eran perfectamente aceptables, ahora suelen percibirse como irrespetuosas. Y como si prolijamente se invirtiera la situación anterior, la tardanza ahora es vista como una suerte de pavoneo, una suposición de excepcionalidad.

¿Qué ha pasado?... ¡y tan rápido! ¿Por qué semejante cambio de actitud? ¿Realmente la gente está tan interesada en ponerse en contacto conmigo en cualquier momento, o en que yo me ponga en contacto con ella a través de ese aparato en lugar de mi línea fija? Descarto la última variante casi por completo y cuestiono la primera. Si dejo en claro que no quiero ser contactado *en cualquier momento* —algo que antes no era un problema para nadie—, ¿por qué eso podría ser insultante? Existen ciertas consideraciones prácticas, por supuesto. Mi esposa con razón puede esgrimir que no pudo pedirme que comprara un cartón de leche mientras volvía del trabajo, o mi hijo puede irritarse cuando me espera en una esquina para que lo pase a buscar mientras yo estoy atorado en el tránsito —"si tuvieses un celular, papá, podría haberme quedado haciendo otras cosas..."—. Lo entiendo y admito cierta responsabilidad. Pero no creo que esa sea la verdadera fuente de irritación. Más bien creo que se trata de un *¿Quién te crees que eres?*, como si por no convertirme en un portador de celular estuviera requiriendo un trato especial —lo cual es lo mismo que adjudicarse superioridad—, como si afirmara: "No me parece que deba hacer lo que los demás están haciendo". Pero, ¿se sentirían del mismo modo si decidiera no utilizar una tarjeta en un cajero automático y en su lugar me hiciera la fila del banco para realizar mis transacciones ante seres humanos reales? No, se burlarían de mi falta de practicidad y se jactarían de cuánto mejor es hacerlo con el plástico. No hay dudas: un acto es público, casi comunitario, y el otro, privado. Pero sugeriré —y luego pondré los brazos en alto para atajar los golpes— que parte de la animosidad también podría tener que ver con un reconocimiento, muy probablemente subliminal, de que se han comprometido con algo que no es por completo beneficioso y conveniente; que llevar un celular *sí* produce una modificación existencial, algunas partes de la cual son inductoras de ansiedad (y al no unirme a los demás levemente amplifico ese cosquilleo de duda).

La naturaleza de dicho cambio de actitud es compleja. Su raíz es existencial y se encuentra bastante vinculada con, entre otras cosas, la geografía, el *lugar*. Al estar accesible, localizable y contactado en todo momento, se ha redefinido —y no con tanta sutileza— el significado, el *punto* de la distancia. Antes, la distancia era algo que poníamos entre nosotros y los demás, o entre nosotros y nuestro hogar. Los kilómetros literales no han cambiado, pero sí su significado. Gran parte de la potencia de la idea de distancia se ha debilitado. No es del todo casual que el crítico Walter Benjamin definiera el "aura", ese máximo atributo de la singularidad, como "el fenómeno único de una distancia". Lo que equivale a una esencia que no puede alcanzarse, que no se la puede denigrar con la disponibilidad inmediata. La consecuencia es que al hacernos permeables a la comunicación —en teoría siempre disponibles—, al mismo tiempo estamos despojándonos del aura, de la singularidad o, mejor aún, del *misterio*. ¿Por qué no me apresuro a comprar un teléfono celular? Quizás también porque no quiero que se esfumen los límites de la idea de contacto. Quiero mantener mi comprensión de la distancia, relacionada de algún modo con la geografía y los obstáculos. No solo no quiero estar siempre accesible, sino que tampoco deseo pensar que *poseo* acceso inmediato. No estoy preparado para entregarme a esa expresión tan escalofriante: las 24 horas del día los siete días de la semana.

* * *

Gran parte de mi cuestionamiento no radica en determinadas funciones de una tecnología, sino en sus impactos y consecuencias a largo plazo. No se altera por completo o se reduce una manera de hacer las cosas sin experimentar algún efecto dominó interno. Y no estoy pensando nada más que en nuestra recientemente confirmada neuroplasticidad —el hecho de que el cerebro sea flexible y adaptable; que se haya demostrado que cambia físicamente para adaptarse a las nuevas maneras de hacer las cosas—. También estoy pensando en la manera en que se modifican nuestras estructuras psicológicas. Cuando una tecnología como el GPS garantiza que lleguemos a destino sin necesidad de mapas, conjeturas u observaciones, nuestras vidas se han simplificado de esa manera específica. Pero otras cosas también se modifican en el proceso. De algún modo, nos pasamos del asiento del conductor al de la escopeta: renunciamos a una pequeña porción de nuestra potestad. Además, permitimos que una supuesta capacidad tome el lugar de lo que había sido siempre una relación más interina –probablemente, más investigativa– con nuestro alrededor. Fortalecemos así nuestra confianza en la pertinencia y necesidad de la solución tecnológica. Y, por supuesto, obviamente, nos relacionamos de un modo por completo diferente con el ambiente donde nos movemos. Lo observamos más en términos de sus principales indicadores y menos *por sí mismo*.

Lo que es cierto con respecto al GPS también lo es (de modos distintos, claro) en cuanto a cada dispositivo que nos simplifica la vida, a cada aplicación que el usuario instala, ya sea para ubicar a amigos en la zona o para rastrear autobuses y sus recorridos. Y la suma de nuevas capacidades ejerce –al menos en teoría– un determinado efecto sobre la persona, a quien ahora debemos ver como quien lleva consigo no solo un simple teléfono celular, sino algo más parecido a un centro de comandos totalmente cargado.

Aún no voy a pretender que pueda decir las consecuencias. Quizás nadie pueda hacerlo –su alcance y rumbo son demasiado variados–. Y las cosas cambian tan rápido, hasta el punto de haber creado en nosotros la expectativa de que continuarán haciéndolo. Desde mi posición personalmente elegida de periferia, siento que aún me encuentro absorbiendo el complejo hecho de la transformación digital. Estoy observando, cautivado, lo que la gente hace a mi alrededor; estudio sus actitudes, reveladoras. El milenio digital apenas está empezando, pero claramente todos parecen haber caído en su hechizo. Adonde sea que vaya, tanto caminando, en automóvil, en subterráneo, al pasar por la entrada de un edificio o al sentarme en un restaurante del centro –en cualquier lugar– veo la misma situación. Individuos, solos o en grcupo, sentados o de pie, que observan o trabajan con la pantalla que sostienen. *¿Qué están haciendo?* Sea lo que sea, es algo que no se hacía de la misma manera hace veinte años, tal vez incluso diez. Estos son comportamientos nuevos en el mundo, pero ¿cuál es su naturaleza? ¿Qué hace tan cautivante a ese proceso? ¿Qué han encontrado esas personas que no existía antes? En parte puede ser que precisan estar explorando de forma constante —tal como ocurría en los días tempranos del automóvil, en que la gente simplemente salía a *conducir*—. Debe haber algo de eso. Podría ayudar a explicarlo saber si un extraterrestre lo vería como una población embrujada. Esa *cosa* brillante y elegante que se toca como un talismán, se agita nerviosamente y a la que se le echa un vistazo muchísimo más de lo que se la utiliza (aunque se la usa bastante). Pero ¿por qué esa inquietud? ¿Acaso también brinda alguna sensación de seguridad, alguna focalización psicológica inexplicable? ¿Cuán vital *es* la cosa?

La posesión del iPhone es un tema tan existencial como psicológico. Me refiero a que la persona que está esperando el autobús en una parada desierta de Laredo (Texas) y no posee este significante universal se encuentra profundamente inmersa en una situación diferente de la de la persona que sí lo tiene. No aludo aquí a las consideraciones prácticas obvias, si bien hay muchas de ellas, sino a lo existencial, a la *sub specia aeternitatis*, o la perspectiva de eternidad. La persona sin iPhone está sola, en medio de una ausencia humana; está abandonada, para mejor o peor, a sí misma, y hasta que llegue el autobús u otro viajero se le una, ocupa la soledad primitiva, que podríamos pensar como una condición humana básica desde los tiempos primigenios hasta el presente. La otra persona, por el contrario, sabe que posee un lugar en el campo psíquico de las señales: es contactable y puede contactar. Podría, si lo necesitara, teclear rápidamente una combinación de números y hablar con su hermana en Albany, o comunicarse con un servicio de taxis a cinco kilómetros de distancia. Podría fotografiar el banco en que se encuentra y enviar la imagen a su compañero de cuarto, o a su amante, quien podría imprimir la imagen en menos de un minuto. Podría mirar un video o escuchar la sonata *Claro de Luna*, o jugar al solitario, o conectarse con sus amigos de juego. El primero mira con detenimiento el pasado que avanza como una topadora, y él es lo que es; y en realidad aún no sé cómo caracterizar la experiencia del segundo. Pero sé que es profundamente diferente. Y por mi experiencia sé que la diferencia importa.

* * *

Fotografía © Mara Birkerts

Anoche, mi esposa y yo estábamos mirando una película cuando nuestra hija llamó por teléfono. Una parte de su plan nocturno había salido mal, necesitaba que la trajéramos a casa y nos preguntaba si podíamos ir a buscarla. Estaba visitando a una amiga en la cercana ciudad de Woburn, con su caos de calles poco conocidas. Acepté recogerla y comencé a pedirle indicaciones, a la espera de que me hablase de alguna intersección que yo conociera, pero Lynn me interrumpió casi de inmediato. Con el teléfono celular en la mano, me dijo: "No te preocupes por eso, simplemente consigue la dirección exacta que la cargaré en Siri". Por supuesto, yo sabía quién −qué− era Siri; más de una vez la había escuchado dar indicaciones. Pero siempre había sido con alguien más en el auto. Nunca había estado a solas con Siri —o, mejor dicho, con un teléfono celular—. "¿Qué ocurre si Siri está hablando y debo cortar y llamar a Mara?", le pregunté. Lynn sacudió la cabeza con un gesto desaprobatorio y me habló con ese tono que cada vez más la gente adopta conmigo —el equivalente verbal de tomar a un niño asustado de la mano y mostrarle dónde queda el baño—. Me indicó el botón que debía apretar y me aseguró que todo estaría bien.

Conducir con Siri fue lo más parecido a una experiencia trascendental que he tenido en mucho tiempo. Apenas habíamos tomado nuestra pequeña calle oscura, me avisó: "Al final de la calle Dothan, doble a la derecha hacia la calle Henry". Sí, entiendo algo sobre GPS (de manera rudimentaria, sin duda), pero algunos tipos de conocimientos no triunfan de inmediato sobre las reacciones instintivas primarias. Cuando Siri me habló —entonces y poco después—, me pregunté: "¿Cómo lo sabe?". No solo cómo sabe acerca de la calle Henry, sino que "en cien metros" debía girar. Ese fue mi primer despertar y me llenó de admiración por los logros de las personas en los centros de estudios e instituciones de investigación. Que pudieran hacer todo eso *y al mismo tiempo* entrenar una voz para que dijera todas esas palabras sin vacilaciones aparentes.

Pero me estoy adelantando. Unas líneas más arriba escribía: "Sí, entiendo algo sobre GPS" y calificaba dicho conocimiento como rudimentario, pero ese adjetivo no es suficiente. Comprendo tanto sobre el funcionamiento de los GPS como Nipper, el perro de la RCA, comprendía de dónde provenía la voz de su amo. ¿Soy el único? No tengo *ninguna idea* de cómo un satélite que orbita en la oscuridad a miles de kilómetros de la Tierra puede saber que yo me encuentro a cien metros de la calle Henry. Los GPS podrán filtrar desde lo desconocido de cierta manera, pero infunde en la vida del ciudadano de a pie otra especie de misterio: el de su incomprensible funcionamiento.

Como habrán notado, estoy bastante atrasado en esta parte de la curva tecnológica. Mi padre, de 88 años, ha estado conduciendo desde hace mucho tiempo con la ayuda de Siri. Hace años nos entretuvo en una cena con su relato del romance que mantenía con Siri, a quien llamaba −permitámoselo por la edad− su "bailarina del caño". Todos nos reímos de él por su rapidez para personificar (entre otras cosas), pero ahora debo preguntarme: *¿quién soy yo para juzgar?* Si, al conducir de noche hacia una dirección de Woburn, automáticamente sentí que dotaba a Siri de una especie (muy diferente) de personalidad animada. Deseaba muchísimo hacer las cosas bien, girar en el lugar adecuado y mantenerme a la izquierda cuando me lo indicara y, en cierto modo, temía su desprecio si me equivocaba, así como ansiaba algún signo de aprobación por haber hecho lo que me había indicado. Mientras manejaba tuve un súbito recuerdo de haber leído que el programa ELIZA, creado por informáticos con el objetivo de simular una sesión terapéutica, obtuvo un considerable éxito en persuadir a usuarios de carne y hueso.

¿Hemos analizado bastante el poder y la dinámica de la proyección? ¿Cuán profunda es nuestra necesidad y cuán lejos iremos? La imaginación futurística de *Her*, la película de Spike Jonze donde la desazón se sitúa en un futuro apenas lejano, propone el romance entre un copista tecnológico, Ted, y Samantha, la voz de un etéreo sistema operativo. La fuerza de la proyección romántica de Ted se intensifica cuando Samantha puede ampliar cada vez más sus capacidades gracias a los intercambios. La exploración de los poderes de proyección que hace Jonze se ve astutamente acrecentada por nuestro propio deseo, como parte de la audiencia, de vernos cada vez más involucrados en la interrelación, en la historia de amor "como si".

Otra cosa que noté mientras conducía −todo esto sucedió en el transcurso de unos quince minutos− fue con qué rapidez y facilidad entregué el control, cuán pocas órdenes fueron necesarias para que tomara una postura de "sí, señora" con total deferencia. Confiaba en Siri, lo que equivale a decir que confiaba en esa unidad orbital brillosa, lo que puede ser lo mismo (y lo es) que decir que confiaba en la inteligencia de la ingenería, en los conocimientos y habilidades colectivos de los hombres y las mujeres que diseñaron, desarrollaron, mejoraron, ensamblaron y lanzaron ese dispositivo. De cualquier manera, luego de unos minutos, sencillamente abandoné la gran e incipiente ansiedad que acompaña todas mis búsquedas de destinos y cedí ante la superioridad específica de dicha inteligencia. Me puse bajo su control.

Sin embargo, lo más interesante –o preocupante– ocurrió cuando me detuve, tal como me fue ordenado, frente al lugar de destino y me incliné para abrirle la puerta del coche a mi hija. En ese momento sentí –era una sensación leve, pero real– que estaba soltando a Siri. No la usaría en el camino de vuelta. Tres son una multitud. Y percibí un dejo de culpa. *Había* identificado la voz con los rudimentos de una identidad personificada.

No habían transcurrido 24 horas desde mi salida nocturna con Siri cuando abrí la sección financiera del *Boston Globe* y leí una nota titulada "Google Now es un paso adelante", que comenzaba con el atrapante: "¿Alguien todavía usa Siri?". Quedé absolutamente estupefacto. Ahí estaba yo, tras haber dado lo que para mí había significado un primer paso colonizador hacia el presente cultural –no sin cierto miedo y temblor–, y ya sentía el latigazo tan conocido de la obsolescencia. El título, por supuesto, lo decía todo: está dándose una competencia tecnológica enorme, una carrera por la supremacía que tiene por fin conseguir *más, más rápido, mejor y más barato*. Esto ha estado ocurriendo en la cultura capitalista más amplia desde sus orígenes, pero incluso las aceleraciones de la carrera espacial de los años 60 no son nada en comparación con lo que viene sucediendo en la tecnocultura desde el lanzamiento del microchip. La famosa "ley" de Moore de 1965 predecía que el poder de procesamiento se duplicaría cada dos años. No he comprobado si esa aseveración aún tiene validez, pero no es importante. El punto es el crecimiento y el desarrollo inexorable, y el corolario es que no podemos –ninguno de nosotros– respirar y sentir que nos encontramos donde deberíamos estar: actualizados. Vivir en una tecnocracia es vivir con la sensación constante de estar atrasados. La única pregunta es *¿cuán atrasados?* Cosa que me respondí a mí mismo hace mucho tiempo: muy atrasados. Pero si bien eso al menos me ha liberado de esa sensación de inquietud, la elección conlleva el castigo de saber que siempre estoy al margen, una persona ajena en toda discusión entusiasta de sobremesa sobre "lo último", y mientras miro publicidades en mi televisor del Pleistoceno, me veo como un total perdedor en la lotería consumista.

Respecto del artículo periodístico, básicamente promocionaba una nueva característica del teléfono inteligente de Google y, al comenzar a leerlo, me di cuenta de que había leído mal el título, e interpreté que *now* ("ahora" en inglés) significaba "en la actualidad", en lugar de entender, como debería haberlo hecho, que se trataba del nombre de la aplicación: Google Now. Así es como, con torpeza, prosigo mi camino hacia adelante.

Pero el producto, la función (aparentemente, el siguiente paso), debe ser seriamente considerado. El autor del artículo, Hiawatha Bray, utilizó el adjetivo *clarividente* para describir a Google Now. Según escribe, constituye un "servicio de información predictiva" que, basado en los datos almacenados en Google, anticipa y responde a las necesidades del usuario. Si Google posee un registro de la reserva de un vuelo, por ejemplo, sin que le sea pedido brindará el clima en las ciudades de salida y de llegada, actualizaciones del tránsito en los caminos desde y hacia el aeropuerto, actualizaciones de vuelos, tarjetas de embarque; todo, excepto el whisky doble que deseas tomar tan pronto como te instales en tu asiento. *¿Qué más podría pedirse?*, cabría preguntarse. Me siento casi como un desagradecido al sugerir que realmente podría mencionar varias cosas. Recuerdo cuando pensé por primera vez en Pandora y, de hecho, en todo el porvenir de predicción de los gustos por algoritmos: *Si has disfrutado de* x, *entonces es probable que disfrutes de* y. Parecía problemático. No porque una elección anterior hubiera provocado una nueva recomendación, sino porque la recomendación no había sido hecha por un ser humano, sino por un proceso de análisis numérico. El hecho de que las sugerencias generalmente sean acertadas —y confieso que a veces escucho a Pandora— no modifica por completo mi argumentación, ya sea aplicable esto a Google Now o a cualquier perfeccionamiento que pronto aparecerá y reemplazará a ambos.

El punto, una vez más, es existencial y no utilitario. Lo es porque, para que Pandora o Google Now logren esta predicción, tienen que percibir el "yo subjetivo" como un conjunto de comportamientos objetivados. Podríamos decir lo mismo de Hacienda o del médico diagnosticador y sería cierto. Pero en el mismo ejemplo, ni Hacienda ni el médico agregan un ápice a nuestro sentido de seres humanos. Y además, esos son tipos específicos de implementaciones. Dada su probable popularidad, y considerando el flujo direccional más amplio de todo lo tecnológico, es muy probable que Google Now y sus sustitutos se insertarán con mayor profundidad en el tejido de nuestras vidas. Y si eso ocurre entonces la pregunta existencial no será en absoluto irrelevante.

Al pensar en esto, una de las primeras cosas que vinieron a mi mente fue el conocido enunciado de Simone Weil, en su ensayo sobre *La Ilíada*, de que una "fuerza" es lo que convierte a cualquiera en una "cosa". Lo cual podría sonar terrible, pero también nos permite considerar la idea más amplia de que nuestras diversas aplicaciones virtuales no son meras herramientas útiles para nuestra vida, sino que también representan una especie de invasión de la fuerza, una que posee un objetivo, quizás, deshumanizante. La potestad aquí pertenece a las entidades que controlan e implementan los diversos cálculos algorítmicos que buscan beneficiar al usuario, aunque por supuesto que con ello en definitiva continúan llenando los bolsillos de las empresas. El concepto —el proceso por el cual se mueve este flujo de información y poder— forma parte de la tendencia más amplia de nuestra era digital: el alejarse de la noción del yo individualizado hacia una existencia más interconectada, es decir, más colectivizada.

Lo aterrador, y que lamentablemente da validez a un ensayo como este que busca rastrear y reflejar el ímpetu de la innovación tecnológica, es que con muchísima rapidez se ve superado por el tema. Sin importar cuán actual uno espera ser —y, para mí, escribir sobre Google Now fue tremendamente apremiante—, el hecho es que, cuando cualquiera de las palabras encuentra su camino hacia el mundo, lo que antes parecía ser de vanguardia se convertirá en *statu quo*, si no ya historia, y todas las afirmaciones necesariamente pasarán a ser obsoletas. En realidad, la única opción es suponer que habrá algo *nuevo, más rápido y mejor* en tecnología, y limitarse a observaciones sobre las tendencias subyacentes y no al último grito del mercado.

Dicho esto, no puedo concluir mi reflexión sobre el constante cambio de productos y sus consecuencias sin dejar de mencionar la llegada de Google Glass —tanto específicamente el producto como también, en un afán por analizar dichas tendencias, el concepto de tecnología interactiva siempre accesible y utilizable—. Porque ya sea que termine siendo Google Glass, con su sofisticada cámara y sus capacidades conectivas, o alguna versión de un reloj inteligente u otra cosa que vaya a desarrollarse, hay muchas probabilidades de que dentro de poco mucha gente viva con (e incluso dé por sentado) una variedad de opciones que hasta hace poco parecían propias de un film de ciencia ficción. Se podrán dar y recibir señales con simples comandos de voz, tomar y enviar fotos y videos, y acceder a colosales bases de datos. Y parecemos dispuestos a aceptar este poder, estas capacidades, este nuevo paso hacia lo que Braden Allenby y Daniel Sarewitz han llamado la "condición tecnohumana", sin ningún debate profundo acerca de si existen compensaciones a cambio. Ya estamos acostumbrados a la lógica de la actualización de los productos y, de la mano del deseo de adquirir el beneficio publicitado, vivimos con el ansioso pavor de quedarnos rezagados.

Esta psicología de la aceptación es algo sobre lo que piensan mucho los ejecutivos publicitarios. Un artículo de la periodista Claire Cain Miller publicado en 2013 en el *New York Times* analiza los patrones de adaptación. Ella cita a la ingeniera en Informática Ellen Ullman, quien encuentra similitudes con el proceso de una historia de amor, que comienza con dudas y temores, pero tras el período de seducción se convierte en entrega. Tomando como ejemplo a Google Now y sus poderes de predicción gracias al procesamiento de datos puestos a trabajar para crear una suerte de inteligencia de avanzada, Miller subraya la rapidez con que algunos de los encuestados elegidos admitieron que su irritación y sospecha fueron doblegadas por la aceptación de los beneficios percibidos. La periodista luego cita al ejecutivo de Google, Amit Singhal, en sus dichos y evaluación sugerente: "Si está allí contigo todo el tiempo, terminarás por sentirte cómodo (...) Nuestro objetivo es construir una tecnología porque, adivina, no existe. Simplemente estamos construyendo el sueño y, por supuesto, los usuarios tendrán que sentirse cómodos con él".

Construir el sueño. O bien: *simplemente* construir el sueño. Esta frase en especial requiere un análisis. En diversos niveles. En primer lugar, existe la idea de que Google –sus ingenieros y ejecutivos– cree que está construyendo algo mucho más grande e importante que herramientas innovadoras útiles; que está construyéndolas para cumplir una visión más amplia para la humanidad. En lo que podríamos convertirnos. Más aterrador aún: lo que Google cree que estamos destinados a ser –lo que podría ser nuestra irrealidad cuasimística–. Explorar el camino por delante es un trabajo arduo, pero alguien debe hacerlo. Google. En segundo lugar, ese *simplemente* –sencilla pero reveladora palabra– que lo dice todo. Con indiferencia, con un falso encogimiento de hombros, admite la inevitabilidad (como si todos supieran y aceptaran que este movimiento, esta transformación, es inevitable). Tiene un cierto tono de "solo seguimos órdenes" o como quien dice "no se puede contra la burocracia".

En tercer lugar, y lo que más sorprende, parece ser la creencia de que la tecnología (que en este momento todavía significa los ingenieros de la tecnología, Google y sus compañeros constructores de imperios) liderará el camino hacia delante y no tendremos otra opción que caer en la trampa. Porque veremos que es más fácil, rápido y mejor no resistirse. Hoy es Google Now, y mañana —en realidad, también hoy—, Google Glass. "Glass, toma una foto", "Glass, ¿cómo se dice 'llévame a ver el partido' en japonés?".

He aquí por qué la sensación de la púa cubierta de polvo resulta tan intensa para mí. Es más que una simple nostalgia por una tecnología anterior o mi avidez por escuchar música. Me empuja, a través de un cortocircuito de la memoria, a un sentido completamente diferente. La púa unida al extremo del brazo móvil no era solo lo que hacía que la música saliera por los parlantes, sino que era —y lo digo ahora, en retrospectiva— el emblema de la *elección*. Era el medio por el cual escuchábamos, lo que me permitía concentrarnos en lo que queríamos. ¿Cuántos cientos de miles de veces me levanté de mi cama, sillón o lugar en el escritorio para inclinarme sobre el tocadiscos, tomar el brazo con la punta de mi dedo índice y moverlo un poco hacia la derecha o izquierda, hasta el surco que quería escuchar, o volver a escuchar, bajándolo con tanta precisión como pudiera en la pequeña hendidura del vinilo? Qué bien conocía esas tolerancias minúsculas, cuán familiarizado estaba con ese sonido de estática antes de que el punto limpio de la púa entrara en la ranura del disco donde estaba la canción que yo quería... y los sonidos permanecían allí en un espacio preciso.

Serendipia

Con independencia de lo que me preocupa el concepto, tengo problemas con la palabra en sí: *serendipia*. Se trata de otra lamentable casualidad terminológica: *serendipia*, al igual que *popurrí* y *chucherías*, funciona estos días, primero, como el nombre de una tienda de accesorios en el centro de la mayoría de las ciudades estadounidenses, y en segundo lugar sobrevive como una idea. Más aún, es una idea que desde hace tiempo se ha pegado a algún tipo de frivolidad *new age*, junto con la sincronicidad de Jung, el satori zen, el *feng shui*... lo que sea. Cualquier cosa que pueda alimentar el orden del día de los espiritualistas pop ha recibido un suave giro popular y por lo tanto se ha desacreditado, ha envenenado lo positivo para cualquiera que no pertenezca a lo *new age* pero que tenga alguna simpatía por cierto tipo de relaciones no razonadas. Siento la necesidad de intentar recuperar la serendipia, o al menos de quitarle parte del aura difusa que ha adquirido.

Serendipia. El término proviene de un cuento popular persa acerca de tres príncipes de Serendip que tenían el don de encontrar "cosas valiosas o agradables que no buscaban". Ese es su significado. Los príncipes representaban el azar afortunado, la idea de que no siempre el valor se encuentra mediante un esfuerzo consciente o de un proceso racional, sino que también puede ser descubierto por casualidad, y que en el encuentro podría haber algún intercambio creativo entre la persona y la circunstancia. Con ello tenemos la idea similar de que una persona minuciosa a veces realmente puede encontrar lo que necesita. Existe un tinte de pensamiento mágico, es cierto, pero ¿por eso deberíamos rechazarlo por completo? ¿Cuántos de nosotros descartaríamos totalmente la posibilidad de una coincidencia espontánea en nuestras vidas?

Si existe un espectro en estas maneras de pensar, entonces me considero en algún punto intermedio. Si bien practico todo tipo de cultos misteriosos privados (en cuanto a encontrar monedas, escuchar ciertas canciones, etc.), también soy consciente de que para mí, principalmente, consisten en una especie de juego serio, una manera de hacer que las cosas mantengan su cualidad de interesantes. Y así, amplío las apuestas. Porque no puedo permitir que las leyes del universo y de mi vida sean para siempre y solamente deterministas. La psiquis subjetiva precisa posibilidades y sorpresa al igual que una planta necesita agua. Mi noción acerca de la serendipia, entonces, se refiere a las posibilidades —actos de atención y reconocimiento—. Se trata de cosas que llegan cuando se las necesita; es decir, que las cosas *vuelven a verse* a la luz de nuevas circunstancias. A esto se le suma luego otro concepto favorito: el bricolaje, que tiene que ver con reutilizar materiales disponibles para usos prácticos inesperados. También existen ciertos vínculos asociados con la sincronía —el reconocimiento de que algunos acontecimientos causalmente no relacionados pueden experimentarse como similares en determinados temas—. Básicamente, aceptar los elementos accidentales de la experiencia es extender el alcance de lo significativo al permitir diversas formas de repercusiones sugestivas. Si bien esto crea un margen más grande alrededor de los acontecimientos, no implica rendirse a un misticismo de cristales y barajas de tarot.

Le doy la bienvenida a este concepto amplio de serendipia en mi vida; es mi manera de respetar lo desconocido. Al dar por sentado mi desconocimiento de la mayor parte de la existencia, al mismo tiempo estoy apostando a la imaginación, a una manera de tratar la realidad que no es susceptible de estadísticas o cálculos, una que reconoce los errores y mide el valor de las cosas en términos de su aporte de experiencia más que por su viabilidad como medios para determinados fines.

Al dar lugar a la serendipia también afirmo que la casualidad y las coincidencias no son triviales, que tienen un significado, si no en cuanto a manifestar la naturaleza de la realidad, es indudable que revela cómo la mente da forma al significado, cómo busca conexiones, armonía entre las cosas, implicancias. La serendipia es parte de cómo conduzco las situaciones de mi vida. Se relaciona con el hecho de que yo relato mi evolución a lo largo del día, es decir, busco significados —y se los atribuyo— en las circunstancias en que otra persona podría no darles importancia. Continúo como si las cosas que me pasan ocurrieran por algún motivo, aun cuando una parte de mí sabe que objetivamente podría no ser así, es probable que se trate de una operación de adaptación que impone patrones y secuencias de significado luego del hecho. Lo que sea; no importa. El punto es que mi impulso narrativo interno triunfa sobre la razón en todo momento. No puedo evitar concebir mi vida como un proyecto fundamentalmente significativo, en el que los acontecimientos suelen sugerir conexiones con otras cosas. Sean dichas conexiones verificables o no, mi razonamiento hace que lo sean. Las similitudes entre las cosas, coincidencias, repentinos detonantes de recuerdos; para mí, todos ellos tienen un lugar en esta economía de la conciencia.

He estado pensando mucho últimamente sobre dos tipos diferentes de tecnologías. Realmente son más bien "servicios" o, quizás, aplicaciones ("apps"), que son posibles gracias a los avances informáticos, pero como están tan incorporados a nuestro uso de dispositivos, el término *tecnología* les es aplicable. La primera de ellas satisface las preferencias de los consumidores basadas en cálculos algorítmicos de información que nosotros mismos hemos proporcionado, probablemente a través de nuestras compras por internet. Vemos esto en Amazon, Netflix y en otros sitios que incluyan el *si usted disfrutó...*; y también constituye la base de Pandora, el programa que nos alimenta con el tipo de música según se ha determinado que son nuestros gustos musicales. Pero esta fina selección no se limita a las artes. Como cada día es más evidente, son seguidos todos nuestros movimientos en línea. Información de todo tipo se cosecha, se filtra y utiliza para construir nuestros perfiles de usuario, los que describen nuestro comportamiento de consumo, nuestros intereses declarados y preferencias estéticas. Los publicistas están en todos lados. Nuestras pulsaciones de teclas son registradas automáticamente y sometidas a complejos análisis. Cuanto más usamos internet, más refinada se vuelve la búsqueda –cuyo objeto somos *nosotros*–. Aparentemente, todo esto es para satisfacer mejor nuestras necesidades, pero, como hemos visto con las revelaciones de la vigilancia de la Agencia de Seguridad Nacional de Estados Unidos, es difícil que la "inteligencia" se detenga allí. Nuestros datos nos rodean como una envoltura liviana y transparente. En el proceso se nos concibe como una suma de comportamientos, y luego somos abordados bajo dicha luz.

La otra aplicación, o función, tan familiar ahora que todo es menos invisible para nosotros, depende de la búsqueda a rápida velocidad entre una cantidad absurdamente vasta de datos para brindarnos casi de inmediato respuestas exactas y autorizadas, mientras que antes no había ninguna. Pienso en las búsquedas en Google, en Wikipedia, que han dado lugar a la suposición de que cualquier dato puede encontrarse en un abrir y cerrar de ojos; en los GPS, el servicio de ubicación en el mundo real que puede decirnos de inmediato y en todo momento exactamente dónde estamos. Los dos juntos –algoritmos preferenciales y búsquedas instantáneas de datos– están ejerciendo una presión formativa poderosa, y en su mayoría también subliminal, sobre nuestras maleables psiquis nerviosas, quizás cambiando nuestra orientación fundamental en cuanto a los misterios sublimes de la existencia. Una víctima es nuestro sentido de ignorancia impotente, nuestra impotencia ignorante.

Mientras cuestiono el algoritmo preferencial y lo que podría llamarse "el efecto Pandora", una vez más siento como si me enfrentara a un entusiasmo casi universal. ¿Qué podría haber de negativo en que la tecnología anticipe y reaccione de manera personalizada ante nuestros gustos literarios, musicales, fílmicos, etc.? ¡Semejantes ventajas, semejantes ganancias! No es que estos gustos sean impuestos o modificados de alguna manera. No: como mucho, se los está destacando. La esfera de las elecciones se está incrementando, no disminuyendo. Si le digo a Pandora que me gusta la música de Tim Hardin y Paul Simon en sus comienzos, el programa entonces me presenta a Nick Drake y ciertas canciones de Richard Thompson y me recuerda, también, que solía gustarme en sus inicios Donovan. ¿Quién soy para quejarme? He conocido cosas que me agradan que de otra manera no podría haber encontrado jamás, siendo como son los caprichos de quien escucha. Ah, también puedo mencionar esa película de Eric Rohmer que ni sabía que existía ¡y los hermosos cuentos de Lydia Davis! Estas "sugerencias" calculadas nos brindan un sentido de acceso a la acumulación de nuestra cultura sin precedentes. Sin dudas, es toda una vergüenza de ricos. Uno casi se olvida de que la abundancia obtiene su significado al confrontarse con su antónimo: la escasez. Y dicha facilidad y dificultad siempre han estado en una tensión dinámica.

La pérdida de polaridad es un punto a considerar. Mi otra queja, tal vez poco generosa, radica en que si bien es innegable que estos alimentadores de preferencias permiten mucho, en forma encubierta nos están desplazando de la iniciativa a la obediencia, y de algún modo en el camino nos roban una parte del misterio —lo incierto desconocido— que yo siento es nuestro deber. Eso puede parecer algo extraño (que el misterio es parte de nuestra herencia, nuestro derecho). Es una fantasía romántica que no está escrita en ninguna ley. Pero sí creo que cuando tenemos esos momentos ocasionales más profundos, cuando miramos hacia el cielo nocturno y sentimos reverencia, lo que estamos percibiendo es el poder de lo inmenso desconocido. Y me refiero a lo desconocido no simplemente como lo que no sabemos o no podemos saber, sino a una premisa filosófica del ser... y en definitiva la base para ver la vida espiritualmente fundamentada.

La cuestión del misterio es aplicable aquí también. *No porque Pandora por sí sola impida que el oyente recorra nuevos caminos hacia lo desconocido. Pero sí cambia el juego, sin dudas.* La disponibilidad del sistema, y de sistemas similares, afecta a nuestros impulsos, a nuestra toma de decisiones. En lugar de hacer algo desestructurado y sin un objetivo, como hacía antes, ahora puede proceder a través de Pandora y proponerle nuevos favoritos a la máquina de preferencias para ver adónde lo llevan. Esa capacidad, si bien no significa una anulación real de la potestad, nos recuerda la verdad psicológica: es difícil ir a contracorriente de la comodidad. Ese siempre ha sido el problema con el relajado eslogan "simplemente debes decir no".

Existe una diferencia cualitativa entre buscar un destino en el GPS y hacerlo en el mapa de papel, como pronto analizaré; también hay una diferencia entre el camino de Pandora y el viejo proceso de buscar pistas. El primero era, sin dudas, más laborioso e intenso; se llevaba a cabo en una línea de tiempo muy diferente, que es otro aspecto de todo este asunto. Antes de que hubiera respuestas y soluciones digitales instantáneas, estábamos inmersos en el ritmo variable de las cosas. El mundo de la prueba y el error nos hacía prestar un tipo de atención muy especial; estábamos alertas en nombre de nuestros apetitos. Si me gustaba un artista, con naturalidad buscaba en las notas que acompañaban al CD menciones de otros artistas; tenía mi antena apuntando hacia todas las direcciones, escuchaba la radio, prestaba atención a la gente en cuyos gustos confiaba, y así con todas las cosas. Vincular a un artista con otro podía tomar años —y tomaba años—, pero finalmente la recompensa tenía un gusto dulce y provocaba satisfacción, y el hecho de que no ocurriera en forma instantánea me hacía percibir la enormidad del panorama musical, cómo se extendía geográficamente y a través del tiempo, unidos por finos hilos de influencia. Realizar conexiones llevaba tiempo,

¿y qué? El paso del tiempo es parte de lo que otorga sustancia y repercusión a cualquier experiencia; es decir, *significado*. Tiene que haber una diferencia entre el conocimiento adquirido y aquel que cae en nuestra falda o en nuestra computadora portátil. Es a través de la ganancia, del logro del trabajo, que establecemos nuestra demanda psicológica basada en nuestra experiencia.

Ambas tecnologías, o sistemas, de búsqueda y presentación —parecieran estar casi universalmente promocionados ahora— representan una reducción impresionante de la iniciativa, un atajo de los antiguos enfoques de prueba y error que trazaban nuestro avance a través del mundo. Si al principio parecían milagrosos —y creo que fugazmente lo fueron—, en muy pocos años se han vuelto parte de nuestro arsenal de suposiciones. Nos traen el mundo, casi literalmente entregándonos la respuesta a casi cualquier cosa que hemos preguntado. Con qué rapidez olvidamos el trabajo que demandaba rastrear y reunir trozos de información cuando todo no estaba al alcance de un clic. La nueva distribución —una cuasiperfecta recuperabilidad— nos reorienta, pero modifica, no con demasiada sutileza, nuestras expectativas y nuestro modo de encontrar nuestra realidad. Alimenta la gran ilusión de nuestras habilidades y maestrías, incluso cuando nos mima y nos da una sensación de estar siendo complacidos (cuya consecuencia psicológica es que lo merecemos). Estas nuevas suposiciones están cambiando nuestras experiencias en el nivel más básico.

Parece que no solo afectara a nuestra experiencia, sino también a nuestra propia estructura cognitiva. Según hemos visto, todos los días la neurociencia presenta nuevas revelaciones sobre la sorprendente plasticidad del cerebro. Los efectos neuronales son casi inmediatos. Las acciones repetidas "reconectan" los caminos muchísimo más rápido de lo que jamás se pensó. Esta reconexión se traduce no solo en la consolidación de reflejos recién activados, sino también en el retiro de aquellos que se han vuelto obsoletos. La explosión de aplicaciones en los últimos años —muchas de las cuales realmente son atajos o resúmenes de lo que antes eran procesos de labor más ardua– nos hace tambalear en nuestro intento por adaptarnos al mundo que nos rodea, incluso teniendo en cuenta aquella plasticidad. El escritor suizo Max Frisch hace décadas definió a la tecnología como "la habilidad de organizar el mundo de modo tal que no tengamos que experimentarlo". Fue profético.

La palabra clave aquí es *experimentar*. La experiencia –el contacto y la inmersión, la resolución de problemas– siempre ha sido el medio para estos fines que ahora se nos entregan en mano. Pero la experiencia no solo es un medio. Es uno que al mismo tiempo es el *fin*. ¿Será absurdo sostener que es el objetivo de la vida y el fin es, en un prolijo paralelismo, tan solo el pretexto para vivir la experiencia? Aunque no pretendo que esto suene superficial o predeciblemente paradójico; en realidad se trata de una de las preguntas fundamentales de nuestro ser humano.

Cuando una tecnología permite –de hecho, fomenta– un cambio en la manera habitual de hacer las cosas, los viejos patrones de respuesta y conocimientos se modifican en consecuencia. Si especulo sobre el impacto de estas aplicaciones específicas, hay que tener en cuenta que los efectos también reciben influencias de innumerables transformaciones similares que ocurren al mismo tiempo, y muy probablemente amplificados por ellas. Nuestra vida posmoderna transcurre en un clima de fluidez digital, atravesada por todos nuestros compromisos virtuales, incluidas las redes sociales. Estamos siendo reprogramados de maneras específicas, pero a la vez nos encontramos en la oleada de una transformación revolucionaria sin precedentes.

A primera vista, el GPS es una aplicación específica que utiliza los poderes extraordinarios de los motores de búsqueda y la tecnología topográfica de satélites para el efecto utilitario más práctico: trazar el recorrido más sencillo entre los puntos A y B a través de la maraña de la red de caminos y autopistas de nuestra superficie. Hace unos pocos años me quedé atónito –quizás a todos nos pasó– de que tal cosa pudiera existir. También estaba asombrado de que la gente que yo conocía fuera a usarlo; incluso de que, alabaran sus virtudes y sin vergüenza declararan ser absolutamente dependientes de él. Les ofrecería el argumento obvio, que aún me parece bueno: que representa una entrega de la potestad, una arrogancia de conocimiento; que impone una traslúcida capa de distanciamiento entre la persona y el entorno al convertir un tipo de proceso en otro. Que significa alejarse de la aventura.

"Pero, ¿qué pasa con los mapas?", la gente solía replicar invariablemente. "¿En qué se diferencia usar un GPS que mirar un mapa?". Parece que vale la pena investigar la distinción, y quizás esta sea una manera de hacerlo —y también de mantener en mente la idea de serendipia—. ¿Cuál es la diferencia entre utilizar un GPS y usar un mapa? Cuando consulto en un mapa para ir desde mi casa en Arlington hasta una dirección desconocida, aún me atrevo a un acto de interpretación; la volición central continúa perteneciéndome. Consulto el panorama espacial que se me ofrece y lo leo a través de lo que comprendo: marcas que indican autopistas, avenidas, calles y, si tengo un buen mapa, vías y caminos secundarios. Luego hago caso a ciertas suposiciones, atravieso por diversas probabilidades, hago conjeturas sobre distancias, posibilidades de acceso (salidas, calles de una sola mano), etc. Y cuando salgo, con el mapa extendido en el asiento de mi lado —e imagino que eso ya está tomando una coloración sepia nostálgica—, alterno entre esa cuadrícula empírica y mi experimentado sentido de que en las intersecciones clave quizás tenga que improvisar y encuentre otra calle que sustituya la de mano única que no estaba señalada o —Dios no lo quiera— pedir indicaciones cuando una calle se encuentra inesperadamente cerrada. Porque los mapas, incluso los mejores, nunca dejan de ser aproximaciones, y leo cualquiera de ellos con esa presunción básica. Habrá un elemento de improvisación en cualquier viaje que emprenda, y siempre lo considero. ¿Y qué es la improvisación si no una aguzada intervención de nuestras aptitudes cuando nos topamos con un desafío inesperado?

"¡Pero eso es aplicable también a los GPS!", responden mis amigos que lo usan. El GPS no puede informar cuando una calle está cerrada por arreglos de emergencia o de pronto no se permite un giro a la izquierda. Como si esto confirmara que después de todo no existe diferencia alguna, no del modo en que yo pienso que la hay. Lo que pasa inadvertido es que, mientras yo consulto el mapa y hago mis suposiciones, para resolver x a medida que viajo, el GPS ya ha resuelto X, me dice qué hacer y yo solo debo obedecer. No importa que de vez en cuando pueda haber algún error que haga que el sistema sea tan falible como un mapa, la cuestión es que el control psicológico cambia por completo. He depositado dócilmente mi confianza en la infalibilidad del dispositivo. Lo que era un actuar mediante conjeturas informadas —conducir hasta un destino— se ha convertido en hacer caso a los comandos, cada uno de ellos meros medios para alcanzar el fin deseado. Nuestra velocidad y conveniencia implican un sacrificio.

Tanto a nivel literal como simbólico, el GPS está desterrando la idea de ineficiencia, de encontrarnos perdidos, de lo imprevisto. Existe el "estar perdidos" literalmente, pero también creo que se trata de la categoría metafísica, y está ligada a las partes más profundas de nuestro ser. El estar perdidos es una metáfora de "estar en el mundo", no es nada trivial. Si viajar es en gran medida un encuentro con lo desconocido, entonces por supuesto que nuestras nuevas aplicaciones están racionalizando aspectos centrales de dicha experiencia. No solo al llevarnos allí sin distracciones ni digresiones, sino además, y de manera más perturbadora, al vendernos constantemente el mensaje de *lo conocible*: todo ha sido medido y calculado. El mundo puede ser nuestra ostra, pero es de criadero, no un ser extraído del fondo del mar.

Estas tecnologías —GPS y software predictivo— inciden en la psiquis de maneras decisivas al acelerar nuestra ya acelerada absorción subliminal de la idea de que nuestro mundo ha sido por completo digerido y dominado, y de que avanzamos a través de la obediencia. Creemos que nos encontramos dentro de un campo de datos, que nos mecemos allí como si estuviéramos en la mano de Dios. Confiamos en que la máquina nos dará la respuesta, el resultado, el camino —para ello la hemos inventado—. Por nuestra parte, nos atribuimos un pequeño crédito por los inventos logrados en nuestro nombre.

Sin embargo, existen otras cuestiones a tener en cuenta en esta transferencia fundamental de confianza del yo a la tecnología, al sistema. La más obvia es el hecho de que tenemos una pequeña o nula idea de cómo trabajan esos poderes en los que confiamos; solo sabemos que lo hacen. La interfaz humana de ingeniería inteligente —llamémosla Siri— enmascara aún más la incomprensión de estas tecnologías interconectadas. ¿Qué importa, mientras nos sirvan?

Así pensamos hasta que ellas dejan de hacerlo. Cuando de pronto la computadora se avería, entramos en un pánico desproporcionado. A todos nos ha pasado: un repentino corte de luz nos hace sentir abandonados y desolados. Nos quedamos mirando el objeto muerto y la mayoría de las veces nos damos cuenta de que no tenemos ni idea de qué podría hacerse para que funcione nuevamente. Esto no es nuevo bajo el sol, por supuesto. Desde que hemos tenido máquinas con algún tipo de sofisticación, hemos estado a la merced de su misterioso funcionamiento. La diferencia es que ahora vivimos en una suerte de red continua de tecnologías interconectadas, y la brecha entre su poder y capacidad juntos y nuestra ignorancia constituye un abismo imposible de medir. Si bien las probabilidades de un colapso total de los sistemas pueden ser escasas, esto no disipa la verdad subyacente —aunque disimulada— de nuestra impotencia. Vivimos la mayor parte de nuestras vidas negando esa realidad, y esa es nuestra arrogancia aterradora.

La otra verdad importante, relacionada pero más profunda, es que nuestro sentido del poder y acceso exacerbados —¡piense en la enormidad de cosas que podemos hacer!— no nos ha traído más paz o confort a nuestro lugar en el universo. A nivel existencial, quiero decir. En todo caso, estamos más nerviosos, internamente divididos y atemorizados ante contingencias como nunca antes. Solo hemos desplazado lo desconocido, lo hemos quitado de nuestra vista y puesto en el campo de nuestras ansiedades incipientes. Casi se percibe como una fórmula a la inversa, una especie de maldición mítica impuesta a nuestra grandiosidad: que todo logro obtenido en nuestro nombre nos dejará más inestables. La pantalla que ofrece abundancia y acceso también nos recuerda de manera incesante, aunque subliminal, la tensión de toda esta interconectividad sistémica. Todo se conecta —así lo hemos hecho—, ya sea en la esfera del clima, de las amenazas geopolíticas, las enfermedades o la economía; nuestros sistemas han entretejido todo eso. Parece casi demasiado obvio, en mi caso, evocar la historia original de Pandora; sería cínico reflexionar sobre el hecho de que el logo de Apple es la legendaria fruta prohibida después de haber sido mordida.

* * *

No espero que esto convenza a muchos. Pero quizás deje en claro por qué esa palabra, *serendipia*, ha tenido tanta presencia en mí. Siento que una gran característica en común de estas aplicaciones y otras (localizadoras de amigos, sugerencias personalizadas de compras) es que se saltan la serendipia y socavan la visión del mundo de la que forman parte. Introducir una serie de sistemas perfeccionados, aunque esencialmente racionalizados, y hacerlos parte de nuestros procesos subjetivos, de nuestro comportamiento, corroe lo desconocido, la *idea* de lo desconocido. No nos aporta nada, a pesar de lo que todas estas nuevas capacidades de gran velocidad parecieran indicar. En cambio, modifica el terreno en el que nos encontramos, nos da una ilusión de inteligibilidad donde realmente no existe.

No estamos observando el triunfo sobre lo desconocido. Más bien estamos viendo la diferencia entre lo que podemos lograr y lo que nuestras máquinas súper inteligentes pueden conseguir. En donde concluye su alcance continúa lo desconocido, y no es menos infinito de lo que era antes. No podemos permitirnos perder esa verdad, ya que sin ella todo es arrogancia.

La habitación y el elefante

Cada tanto, algo atravesará el escudo antiestímulos que porto cada vez que me conecto, lo que ocurre demasiado a menudo últimamente (¿no nos pasa a todos?) y lo hace por diversos motivos, uno de los cuales –estoy seguro– es que la existencia del medio ha creado una incesante inquietud neuronal de baja intensidad que de alguna manera sentimos que solo el medio puede atenuar –aunque no puede hacerlo, nunca ha podido–. Sin embargo, una cualidad de internet es que activa en mí una sensación constante de expectativa diferida, como si eso que estuviera buscando, que no puedo nombrar pero que reconocería si lo viese, estuviera en todo momento a un clic de distancia. He allí una de las raíces de la adicción –y *es* una adicción, por más que sea menor–. Para soportar todo esto, entonces, para colocarme a salvo del acérrimo flujo de información innecesaria y sensaciones periféricas hago uso de lo que considero un escudo, aunque más bien se trata de un reflejo que desvía la atención, una manera de filtrar estímulos, que no debe confundirse con la desaceleración, el "pie en el freno" necesario para contrarrestar la lectura superficial que es casi inevitable cuando las palabras se desplazan por la pantalla. El escudo-filtro aísla tan solo los huesos más descarnados de cualquier cosa que esté buscando, y solo ellos, para no perderme algún nombre o expresión reveladores que pueda ser digno de merecer mi atención.

Practico estos rastreos defensivos y excluyentes no solo con los restos flotantes que accidentalmente encuentro —todos esos resúmenes inevitables de acontecimientos internacionales, como los divorcios de celebridades, las trágicas tormentas, etc.—, sino también (y cada vez más) con los textos sobre asuntos que claramente *sí* me incumben. Un ejemplo reciente de ello —lo tengo a mano ahora porque por fin lo imprimí— es un artículo que encontré en línea en *The Awl* titulado "Wikipedia y la muerte del perito", de María Bustillos. Llegó a mí a través de varios clics en uno de los sitios que a veces visito para mantenerme "informado". Y si bien echo un vistazo a muchos artículos en el transcurso de mis visitas diarias, no soy tan ávido. La mayoría de las veces mi mirada se desplaza por la pantalla con un cansancio preventivo, como si nada que verdaderamente valiese la pena pudiera encontrar en línea (aunque sé que no es cierto), como si cediera algo a la oposición de utilizar internet al máximo y me beneficiara de su uso.

Leer en línea, lo sabemos, es un proceso conducido por palabras clave, y el lector (ese lector) debe ejercer casi una constante presión mental opuesta —como si conduciera con el pie en el freno— si desea leer en la pantalla de la manera en que alguna vez leyó libros. Los editores del artículo de Bustillos quizás entendieron esto, pero en lugar de diseñar algo que funcionara como un regulador de la velocidad, dispusieron la pieza para quienes van por el carril rápido, con párrafos cortos e hipervínculos o subrayados de cualquier cosa con sentido que apareciera, de manera que uno pudiera hacer clic y profundizar sobre ello o bien continuar con el artículo. Por ejemplo, en una referencia a la revista *Nature*, no se resaltaba solo esa palabra, sino también la frase que la acompañaba —"*Nature* mantuvo sus métodos y resultados"—, para que la vista casi irresistiblemente saltase al siguiente enlace, donde se ofrecía, al menos en las primeras páginas, un resumen desordenado de lo que la autora estaba diciendo. Lo fundamental del artículo: Wikipedia es la referencia más completa de la actualidad, una herramienta excelente, bien supervisada, confiable, que ofrece tres ventajas principales por sobre los "ancestros" en papel, a saber: ... y la autora continuó a la velocidad de una "bala".

Luego de unos pocos párrafos, sin embargo, hubo una merma de los incesantes hipervínculos y aparecía la sensación de que se estaba dando lugar al debate principal (algo positivo para Bustillos... y para mí también, ya que mi impulso lateral casi me llevaba a salir de la página). El tono básico sobre Wikipedia era bastante obvio, pero al continuar leyendo parecía que estaba en juego mucho más que la eficacia del sitio. Mediante una transición rápida, Bustillos presenta al teórico cibernético Bob Stein, identificado como el fundador y codirector del Instituto para el Futuro del Libro, quien pasa a ejercer una especie de función de maestro de ceremonias y a *su* turno invoca a Marshall McLuhan como el pensador a considerar en el tema de la colaboración digital. La batuta fue hábilmente entregada. Pero ahora, todo tipo de enlaces con potencial importancia han sido dejados *sin* señalizar, y quizás precisamente por eso me encuentro desacelerándome, involucrándome más. Marshall McLuhan... aquí está el viejo maestro en persona, el experto en medios originario, cuyo nombre nunca puedo ver sin viajar cincuenta años atrás hacia las cenas que mis padres ofrecían. Desde la puerta de mi habitación, yo escuchaba a escondidas todas esas conversaciones sobre la "aldea global" y "el medio es el mensaje". Recuerdo las vibraciones en el aire... se trataba de algo nuevo, algo que movilizaba a la gente.

Bustillos utiliza a McLuhan para ampliar el campo de acción y lo cita en una entrevista que le hace *Playboy* en 1969: "La computadora (...) mantiene la promesa de engendrar tecnológicamente un estado de comprensión y unidad universales, un estado de absorción en el logos que puede unir a la humanidad en una familia y crear una perpetuidad de armonía colectiva y paz". No puedo evitar cierto tipo de desacuerdo aquí. Leo esto cuarenta y cinco años después, y necesitaríamos más que los dedos de ambas manos para contar los conflictos mundiales y los puntos calientes de disenso, los muchos sitios en donde "comprensión y unidad" han colapsado por completo. Pero este no es el verdadero objetivo de la referencia. Y como el asunto es, en términos nominales, Wikipedia, y como Bob Stein ha sido mencionado para subir las apuestas, y porque hay una visión tecnológica que se está presentando y ya no puede menospreciarse, leo. Puedo dejar de lado la parte del enunciado que hace referencia a la armonía y la paz, pero la otra, la idea de que casi inevitablemente estamos siendo reunidos en un "estado engendrado tecnológicamente", *eso* tiene un calor renovado. Estoy prestando atención. Este "estado engendrado" es el problema.

Bustillos comienza refiriéndose a los primeros años de McLuhan en Cambridge, cuando estudiaba para ser crítico literario, cómo cayó bajo la influencia de los formalistas. Y escribe: "Antes de que estos racionalistas aparecieran, la crítica literaria tenía una cualidad mística enraizada en las ideas románticas de tipos como Walter Pater". Por supuesto que debo hacer una mueca de dolor, el apelativo de "tipos" dice mucho sobre el estado del legado cultural de Bustillos (o bien, sobre mí y mi sensibilidad a los escarnios). Pero de nuevo este no es el punto de la autora. Su punto es que McLuhan, a través de su exposición al "renegado del Departamento de Inglés" F. R. Leavis, "desarrolló las bases de la eterna aversión a la 'pericia' y 'autoridad' que luego caracterizarían su obra".

Teniendo en cuenta que este es un artículo que promociona Wikipedia —no solo como la nueva fuente de referencia autorizada y sin autoridad, sino también, en gran medida, como el paradigma del estilo velozmente cambiante de las cosas—, la invocación a McLuhan cobra más sentido. Luego de esbozar el temprano desarrollo de McLuhan como teórico de medios, su reconocimiento de cómo las tecnologías alteran la estructura de nuestro pensamiento, Bustillos propone que los diversos elementos del enfoque de McLuhan —"el abandono del 'punto de vista', la inclinación por considerar el presente con la misma urgencia que el pasado, el tomar 'el ingenio y sabiduría de cualquier persona que sea capaz de prestarnos cualquiera de ellas', el deseo de entender los mecanismos por los cuales se nos obliga a comprender— son piedras angulares de la innovación intelectual en la era de internet".

Luego, la autora cuestiona –y a la vez asevera–: "¡¿Cuán bien encaja esto en la nueva apreciación, sutil y sorprendente, de la generación colectiva de conocimiento de Wikipedia?!". McLuhan, tanto tiempo guardado en el cajón como el padre fundador, ha sido reconvertido en el santo patrono de esta poco perita "generación colectiva de conocimiento".

Al realizar lo que a primera vista parece un abrupto cambio de enfoque, Bustillos hace descansar su visión para traer a un pensador contemporáneo sobre medios, Jaron Lanier, y su reciente crítica de lo que él llama "la mente colmena", que en esencia es el mismísimo proceso colectivo que ella ha estado festejando. Este concepto, que ya es antiguo para sectores de nuestra elite cibernética, propone las virtudes –en realidad, la *inevitabilidad*– de la interactividad en los enlaces comunitarios; esto es visto como el reemplazo del ideal irremediablemente retrógrado del individualismo subjetivo.

Lanier, en su importante artículo de 2006 "Maoísmo digital", publicado por el periódico en línea *Edge*, y, mucho más cercano en el tiempo, en su manifiesto extenso como un libro, "Usted no es un dispositivo", ha defendido tanto la individualidad como la autoría. Hasta hace poco, no había estado al corriente de que estos eran conceptos demoníacos, pero en algunos ámbitos claramente lo son. Respecto de su postura, Bustillos bromea: "leer sus cosas es como ver a un tipo que pierde todo en la ruleta y aun así sigue apostando al mismo número". El razonamiento de Bustillos es el del entusiasta que va a los saltos. Lo que sorprende es su manera presuntiva, su *confianza*. Se trata de un tono que solemos escuchar en las voces de quienes creen que ha llegado su momento histórico. Se atreve a una entonación burlona, a un desdén casual: Pater es un "tipo" y Lanier, quien defiende la individualidad y autoría, pues, también es un "tipo". Para perseguir cualquier postura o idea ¿qué mejor, antes de nada, que quitar la dignidad de sus defensores?

Quien está siendo atacado aquí es un hombre que se aventuró a cuestionar el valor último del pensamiento grupal de internet y que tiene la temeridad de hablar por la importancia del tema individual.

¿Por qué la autora elige a Lanier? Porque durante años estuvo en Silicon Valley, fue uno de sus principales pensadores, y postulados herejes como los suyos —desde sus propias filas— son intolerables. Resulta impresionante la velocidad en que diversas sólidas suposiciones de Occidente, como el valor del yo individual, están siendo sacudidas. Bustillos afirma que es "difícil ver cómo Lanier (...) podrá mantener esta clase de cosas por mucho más tiempo. Michael Agger destrozó el libro de Lanier en *Slate*: 'La crítica [de Lanier] en definitiva no es más que un signo personal de arrogancia. [Él] es un esnob romántico. Cree en el genio y la creatividad individuales'". Una vez más, es necesario tomar nota de los términos usados para etiquetar burlonamente.

Más adelante, Bustillos cita la reseña que Bob Stein hace del artículo "Maoísmo digital", de Laniers, en una entrada del blog *If:Book*, en la cual escribe: "Fundamentalmente, el ensayo de Jaron defiende el rol tradicional del autor individual, en especial, la jerarquía que convierte a los lectores en pasivos receptores de la sabiduría de un autor. Jaron básicamente se resiste al nuevo sentido que está surgiendo del autor como moderador —alguien capaz de poner orden en 'la sabiduría de la red'"—. Bustillos se hace eco de Stein al escribir: "Hace mucho que los acontecimientos superaron la cuestión insignificante del 'autor independiente'. Lo que importa ahora es que la línea entre el autor y el lector se está desvaneciendo, nos guste o no". Es difícil decir dónde y cómo quienes no vivimos en el centro de la cultura digital aprendemos estas cosas. La mayor parte del mundo continúa como antes —pero, ¿acaso no siempre fue así?—. Desde mi lugar, percibo los enérgicos postulados de Bustillos y Stein como una intuición de inestabilidad, una sensación de que todo *no* está como era antes, de que las relaciones que parecían firmes en realidad están cambiando.

Aquí se identifican claramente algunos de los grandes cambios que están teniendo lugar en nuestro nuevo orden digital. La pericia, autoría, creatividad individual, afuera. Colaboraciones de equipo, Wikipedia, adentro. Como dice Bustillos: "El conocimiento está creciendo con mayor amplitud y de un modo participativo inmediato, veloz y colaborativo, por el momento".

Y ahora me asomo yo, aunque sin tanta alharaca como hubiera esperado, con un resumen, el postulado que penetró sorpresivamente mi barrera de estímulos. Las palabras pertenecen a Bob Stein y constituyen un buen epigrama. "La tristeza de nuestra era", afirma, "se caracteriza por los grilletes al individualismo." Tuve que leer la oración varias veces antes de comenzar a asimilar el significado.

Aquí, en un solo lugar, un artículo, encuentro reunidos, agregados, no solo algunos de los asuntos que me han estado preocupando durante un tiempo, sino también algunas de las actitudes y presunciones que delatan la situación y conforman el clima en que están teniendo lugar las transformaciones. El "clima" ha sido lo más difícil de aislar para la reflexión, ya que se trata de un entorno, un espíritu cultural, lo que los alemanes llaman *Zeitgeist* o clima intelectual y cultural de una época —y no deja lugar para que se coloque el observador involucrado (¿y quién no está involucrado?)–. Me he apropiado de la etiqueta al adoptar una frase en desuso: "¿Y si acaso el elefante en la habitación es la propia habitación?", me pregunto. Leer el artículo de Bustillos fue lo más cerca que estuve de identificar esa inmensidad intangible para mí. Sentí que finalmente lo había vislumbrado, desde la competencia definitoria de la autora, su manera particular de diferenciar cosmovisiones, hasta la implicación temática de las ideas en sí mismas.

"Wikipedia y la muerte del perito." Percibo la inmediata polarización de conceptos —*Wikipedia* y *perito*— y el sugestivo anuncio de la muerte del último. Si bien Bustillos no establece causalidad (no tituló el artículo "Cómo Wikipedia mató al perito"), alguna inferencia por el estilo está necesariamente asociada. Según E. M. Forster en su famosa distinción crítica entre historia y trama, "El rey murió y luego la reina murió" es una historia; en cambio, "El rey murió, y después la reina murió de pena" es una trama. Lo que ofrece el titular de Bustillos como historia, en mi opinión, es una trama. Una narrativa causal. Cualquiera sea el término que acordemos, constituye un asunto serio, uno que me infunde algo de la pena de la reina.

Por importante que sea el asunto de Wikipedia —el de la producción colaborativa de información—, aún existen temas más profundos, temas para los cuales Wikipedia *versus* la *Enciclopedia Británica* (el punto de partida comparativo de Bustillos) no es más que un símbolo externo. Y, de hecho, la comparación entre ambas fuentes informativas ni siquiera constituye una polarización. Después de todo, ambas son, aunque de modos claramente distintos, emprendimientos colectivizados que tienen por objeto brindar conocimientos a los usuarios. La verdadera agenda de Bustillos, a la que llega a través de estos mismos asuntos de pericia y colaboración, es desplegar dos conceptos diametralmente opuestos del ser humano, y entonces, en consecuencia, emitir su voto. Aquí encontramos una división muy clara, una bifurcación de caminos que a cada paso llevan al peregrino de uno cada vez más lejos del otro. Sin ninguna convergencia eventual. Uno es el camino —el ideal— del yo individualizado; el otro, el del yo social y neuronalmente colectivizado, a lo largo del cual, en algún punto indeterminado, la idea del "yo" en sí misma debe esfumarse, convertirse en un término que deja de ser aplicable. Por ello, para Bob Stein: "La tristeza de nuestra era está caracterizada por los grilletes al individualismo". Si existe un tema más grande e importante por analizar, no se me ocurre cuál puede ser.

Ha habido diversas iteraciones de la idea de *yoidad* colectiva, que quizás comiencen con el imaginario espiritualizado del teólogo Teilhard de Chardin de que un día existirá lo que llamamos *noósfera*, una especie de nodo de identidad humana unida que rodea a nuestro planeta. Luego encontramos la profética descripción de E. M. Forster, en su relato *La máquina se detiene*, de un mundo de seres que viven en celdas aisladas, interconectadas por una red de comunicaciones que, asombrosamente, es parecida a internet. Y, mucho más cercano en el tiempo, contamos con el teórico de los medios Kevin Kelly y sus diversos postulados sobre la "colmena", un mundo en el que las conexiones electrónicas entre las personas se han fusionado para convertirse en un cuasisistema nervioso y presentan una suerte de colectivismo cognitivo.

Sin dudas, Lanier tenía en mente a Kelly cuando hablaba abiertamente contra los peligros de la mentalidad de colmena. En "Maoísmo digital", Lanier escribe: "La mente colmena en gran medida es estúpida y aburrida". Y prosigue: "La belleza de internet es que conecta a las personas. El valor se encuentra en las otras personas. Si comenzamos a creer que internet es en sí misma una entidad que tiene algo para decirnos, estamos desvalorizando a esas personas y convirtiéndonos en idiotas".

A pesar de semejantes peligros obvios, el colectivismo electrónico ha pasado con mucha rapidez de ser un imaginario de ciencia ficción a ser un escenario posible donde cada vez más gente –al menos la que está activa en la cultura informática– nos respaldaría a todos. Podría objetarse que las ambiciones de los infiltrados cibernéticos no tienen mucho que ver con la vida de la cultura en general. Pero del mismo modo también podríamos decir que las decisiones de unos pocos miles de miembros de la comunidad bancaria financiera tampoco nos afectan. De hecho, *existe* una relación entre las ideas que sostiene dicha minoría y la vida que llevamos el resto de nosotros. La relación es la tecnología, y el propio McLuhan encuadró el problema central hace tiempo. "No solo nuestro entorno material es el transformado por nuestra maquinaria." En las palabras del investigador de McLuhan, David Lochhead: "Llevamos nuestra tecnología hasta los rincones más profundos de nuestras almas. Nuestra visión de la realidad, nuestras estructuras de significado, nuestro sentido de identidad, están todos alcanzados y transformados por las tecnologías que hemos permitido que mediaran entre nosotros y el mundo. Creamos máquinas a nuestra propia imagen y ellas, a su vez, nos recrean a la suya".

La afirmación de McLuhan encierra muchas cosas, y va exactamente al grano. Podría decirse que el sector cibernético, si bien es minoría en términos numéricos, posee un interés de voto mayoritario en cuanto al desarrollo, el fomento y la implementación de la tecnología. Se trata de los ingenieros y publicistas que están detrás de las enormemente influyentes tecnologías de la información, todos los dispositivos con pantalla cada vez más sofisticados que se han vuelto indispensables para las personas de todo el mundo —desde teléfonos celulares hasta tabletas, pasando por dispositivos de lectura de todo tipo—. Respaldados por enormes intereses corporativos y comercializados a través de los medios globales, estos dispositivos interactivos (y sus imágenes de consumo) producen masivos efectos colectivos —y colectivizantes—, y por las mismas razones que McLuhan esgrimió. Los dispositivos son usados de las maneras señaladas y no solo determinan nuestros reflejos externos más evidentes, nuestros modos de hacer negocios, sino que también penetran en nuestros yoes más profundos, a los que McLuhan bastante sorprendentemente llama nuestras "almas". Y de esta manera, sin siquiera suscribirnos en forma oficial al comportamiento y pensamiento de la colmena, comenzamos a manifestarlo. Nos volvemos cada vez más conectados y, también, más dependientes de la interactividad dinámica obtenida al utilizar herramientas que la mayoría de nosotros está lejísimos de comprender.

Además, estas tecnologías no se utilizan de maneras aisladas. Rigen nuestra vida diaria y social; nos ofrecen entretenimiento y educación. En suma, crean una comunidad de usuarios y una cultura de expectativas que se reafirma a sí misma de manera compleja. Cada vez se hace más difícil escapar de esta cultura, de este entorno, y cuán bien lo sabemos. Por un lado, esto tiene varias consecuencias coercitivas a nivel social. Consideremos un ejemplo evidente: el teléfono celular en su reencarnación actual de "inteligente". Lo que en un principio era un dispositivo de uso específico, de transmisión de voz, se ha convertido en el epicentro abrumador de funciones aparentemente indispensables, que permiten múltiples vías de conexión entre usuarios y brinda acceso al inmenso flujo de datos de internet, y ya sea de modo sutil o no genera nuevas expectativas, como la accesibilidad o la posibilidad de localización. Poseer un teléfono inteligente es inscribirse en la familia de todos los usuarios, es ocupar un lugar en una red de complejidad indeterminada, anunciando, en efecto, que te encuentras dentro del "alcance" tecnológico las 24 horas del día. Difícilmente *1984*, de acuerdo. Pero podríamos considerar las maneras en que estamos condicionados por nuestras propias interacciones de los diversos sistemas. El teléfono inteligente es solo uno de dichos sistemas, internet es otro (aunque ambos están cada vez más fusionados) y la economía, al desarrollarse a través de nuestras tarjetas de crédito y transacciones en cajeros automáticos, es el tercer sistema. Y estos son solo ejemplos destacados. Cada uno de estos sistemas, aunque no los concibamos de tal manera, nos hace sucumbir por medio de números y códigos, y cada uno de ellos, por medio de otros códigos, dicta la secuencia de nuestro comportamiento, los niveles de acceso que se nos permiten y si servirá o no para nosotros.

Letras, números, códigos… la nueva moneda del reino. Por supuesto, esto tiene sus efectos y consecuencias. Al utilizar tales sistemas aprendemos rápidamente que los códigos y números –quienes representan nuestra identidad– nos facilitan el desplazamiento a través de la estela electrónica. No creemos verdaderamente que podamos ser reducidos a una sucesión de dígitos o a una clave, lo aceptamos como parte del funcionamiento del sistema, así como hace tiempo aceptamos nuestro número de documento de identidad para todos los fines personales. Probablemente, sin embargo, hayamos notado que cuanto más realizamos nuestras actividades por los circuitos de internet menos nos relacionamos con una persona, ni siquiera virtualmente. Casi todas las "situaciones", ya sean compras, reservas, consultas de cuentas, resolución de problemas –todo lo que solía realizarse por medio de una interacción humana estándar–, son tramitadas mediante sistemas. Solo debemos completar los campos obligatorios, y enviamos nuestros datos y códigos.

Por supuesto, cada uno de dichos envíos de datos engorda nuestros perfiles virtuales, describe con mayor precisión nuestras preferencias, nuestros hábitos y padecimientos, de manera tal que, como usuarios de internet (y esto es sabido desde hace rato), somos conocidos —vigilados— e interpelados más que nunca, y con una especifidad mayor y más perfeccionada, a través de esta pseudopersonería. ¿Con qué frecuencia ahora me dicen "Querido Sven" algunos programas de software detrás de los cuales, estoy seguro, no merodea ningún individuo?

¿Cómo lidiar con esta alienación creciente, esta disociación cada vez más intensa de lo que antes era la esfera humana? La naturaleza humana, como la naturaleza en sí misma, aborrece el vacío, por lo que es bastante comprensible que respondamos acudiendo con mayor avidez a la gente que conocemos, o al menos tengamos un contacto representativo con ella, y —aquí está la trampa— con frecuencia lo hacemos a través de la pantalla. Por lo tanto, profundizamos y extendemos los circuitos.

"La habitación que es ella misma el elefante en la habitación." A lo que apunto es a mi idea de que la transformación en la que nos encontramos —la que nosotros mismos estamos ayudando a que ocurra— es de una naturaleza tan integral y tan controlada por elementos invisibles (circuitos y señales) que no estamos en condiciones de discutir sobre el tema, y entonces no lo hacemos. O bien, lo cual no es menos preocupante, imaginamos que, como no podemos verlo, nos es imposible tocarlo directamente, nada ha cambiado mucho y aún estamos viviendo en la situación anterior (la del elefante).

Deberíamos poder identificar un elefante, al menos por sus diversos atributos aislados, como en las famosas caricaturas de los dibujantes con los ojos vendados[1]. Uno de esos atributos puede ser el

---

1 En 1947, la revista *Life* desafió a diez famosos caricaturistas a que, con los ojos cerrados, dibujasen a los personajes de sus tiras cómicas. La mayoría de ellos pudo reproducir a la perfección diversas características, aunque dispuestas en lugares inadecuados. (N. de la T.)

cambio de estado del "perito". Bustillos sostiene que el conocimiento, su presentación y divulgación, está alejándose de los modos jerárquicos y analíticos tradicionales, y se está convirtiendo cada vez más en un campo abierto de elementos independientes que pueden buscarse y ensamblarse según la necesidad y el uso. Estamos siendo testigos de la destrucción de contextos estables y de su reemplazo por las necesidades de la ocasión. Al evocar primero a los modernistas, luego a McLuhan y a su mentor Harold Innis, Bustillos termina abrazando el modelo de Wikipedia, un conjunto generado por el grupo que puede ser actualizado y modificado en cualquier momento. Si bien aún son los individuos quienes reúnen los materiales, el proceso es consensual y sistémico en cualquier otro aspecto. Desde la perspectiva del proyecto de Wikipedia, la idea del individuo solitario –pensador, académico– cuanto menos es quijotesca, fácilmente ridiculizable como un vestigio arrogante de una era pasada, "de la vieja guardia".

De hecho, el mundo ha cambiado sobremanera. Si el o la académica excepcional alguna vez pudieron controlar gran parte del conocimiento disponible en el mundo, ya no puede hacerlo. Cada disciplina se ha vuelto su propio universo en constante expansión. La computadora, mientras tanto, ha permitido nuevos niveles de colaboración interactiva, y Wikipedia no es más que su tarjeta de presentación. Pero sugerir a partir de ello que ha concluido la era de la iniciativa individual en todas las áreas, que la noción de pericia se ha vuelto un objeto de burla–; bueno, esa es otra de las transformaciones climáticas intelectuales mencionadas, otro de los efectos del *Zeitgeist*. Parecería que Bustillos no estuviera desarrollando aquí su propio argumento, sino más bien que está dándoles voz a conjeturas que circulan en la actualidad, al menos en ciertas áreas. Su afirmación está teñida de la premisa colectivista (aunque aún no saturada de ella) para la cual el yo privado es un concepto pasado de moda, quizás elitista, opuesto de manera amenazadora a lo colectivo. Aquí hallamos una vez más aquellos "grilletes al individualismo".

¿Qué ha pasado? No olvidemos que hasta hace poco todos estábamos inmersos en lo opuesto, en el clima de la autorrealización. El período anterior al cambio de milenio fue, entre otras cosas, la era terapéutica, con millones de nosotros empeñados en encontrar y empoderar al "yo" soberano. ¿Podrá ser que en estos últimos años nos hayamos pasado al lado exactamente opuesto? Claro que no. La cultura terapéutica aún está muy presente entre nosotros, abordando nuestras ansiedades milenarias, pero sí pareciera que se escucha mucho menos que antes acerca de los ideales de la individualidad auténtica. Podría decirse que, incluso cuando triunfaba la fiebre de estar actualizados, la red cibernética estaba montándose, sus nuevos procedimientos ganaban terreno y las consecuencias, aunque latentes, eran registradas; el hecho de que el clima intelectual y cultural de la época se inclinara por el "yo" era en cierto punto *exacerbado* por este espectro de la existencia masiva y representaba una ola de contraargumentación preventiva. Es probable que no fuera suficientemente preventiva. Sobre las fuerzas y consecuencias tan generalizadas y rudimentarias solo podemos especular.

En la totalidad que es la "habitación", hay muchas cosas por considerar. Una de ellas es la llegada de la "nube", publicitada en cierto punto como un nuevo desarrollo épico de la informática. Se dice que la computación en la nube representa el próximo gran salto hacia adelante. Con la premisa de una red de sistemas diversos, la nube libera material digital desde el disco duro y crea una saturación de datos que flota libremente y es de acceso colectivo. La idea de una nube, pura inmaterialidad vaporosa, tiene una potencia metafórica innegable. Entre otras cosas, esa enorme saturación digital está, tanto literal como metafóricamente, acelerando la obsolescencia general de toda una clase de elementos físicos.

Todos hemos presenciado la veloz desmaterialización en el ámbito de nuestras artes y entretenimientos, la transferencia de tantísimas cosas, de elementos provenientes de la fuente única de dispositivos, a la actual disponibilidad universal (en la pantalla) de los servicios *on-demand*. Basta con recorrer cualquier calle con tiendas donde se ofrezcan tecnologías en desuso. Han desaparecido todos los mercados de videos y DVD. Y eso ocurrió en uno o dos años. Las librerías, felizmente, no han desaparecido por completo —están en una lucha valiente—, pero bien pueden seguir la suerte de las casas de discos. Cada vez más personas son persuadidas de acceder a la cultura a través de portales en pantallas y así encargan lo que precisan para su Kindle, iPod y guardias nocturnas. Y los intermediarios, que poseen los algoritmos relacionados con las preferencias de compras previas, identifican lo que creen que los usuarios deseamos y nos lo dejan frente a nuestra puerta virtual.

Por supuesto, todo esto tiene sus ventajas: el acceso instantáneo y el trabajo de selección acotada para identificar y gratificar nuestros deseos; nos sentimos tan bien atendidos. Pero también hay enormes pérdidas. La principal, ante todo, llamémosla otro paquidermo, es la erosión de la evidencia física de nuestros gustos y deseos. No habrá registros ni CD en los estantes del futuro, y cada vez habrá menos libros. Todo vivirá en bits, en archivos. ¿Y cómo podría no modificarse el ambiente general? Estamos quitando los signos físicos de la cultura de nuestro entorno colectivo. Y eso es una gran pérdida. Ya que una tienda de discos no solo es un lugar en donde se pueden comprar discos, como una librería no es solo donde se encuentra la lectura que buscamos. Estos son sitios en donde el amor por la música y la literatura se proclaman a través de un espectro de gustos. Y si bien son entidades comerciales, esos centros también simbolizan la presencia, el valor que tienen sus productos para la comunidad.

Lo que me inquieta con respecto a la transferencia de las cosas a la nube —fue Karl Marx quien lamentaba que "todo lo que es sólido se disuelve en el aire"— no es solo la pérdida del objeto, del fetiche, de la cosa, sino también las mayores consecuencias temáticas. Por supuesto, nunca prescindiremos por completo de lo físico: incluso los personajes de la parábola extrema de la "vida de colmena" de Forster, *La máquina se detiene*, tenían cuerpos que vivían en estructuras similares a las de las células. Pero la materialidad primigenia que rige los términos de la existencia está colocándose gradualmente, con una gradualidad acelerada, a cierta distancia. La versión abreviada es que el mundo, sus elementos, sus sustantivos parecen haber retrocedido un poco, al igual que su intratabilidad, los obstáculos que definen el tiempo y el espacio. Es casi como si el mundo y la pantalla se encontraran en una relación inversa, el primero se esfuma mientras que el otro continúa ganando alcance, definición y poder para atraer nuestra atención.

El hecho de que todo lo relacionado con la "habitación" haya cambiado hace que sea tan difícil hablar de ella. Nos conduce inexorablemente a las preguntas más vitales e irritantes: las formas de vida colaborativas y colectivizadas ¿colisionan de lleno con los impulsos de la individualidad? ¿Estamos hablando de una disyunción exclusiva o inclusiva? ¿Acaso no tiene sentido imaginar un mundo en donde usemos sistemas y circuitos para hacer lo que ellos mejor hacen y disfrutemos del clamor de nuestra individualidad en nuestro cada vez más abundante tiempo libre? Suena tan bien: el futurismo de *Los Supersónicos* se encuentra con la autorrealización de Abraham Maslow. Pero, lamentablemente, también suena como una versión del viejo argumento "es solo una herramienta". Los sistemas y circuitos no se limitan a ser un dispositivo conveniente y vasto. Quizás las cosas *podrían* funcionar de ese modo si nuestra vida digital no fuera una saturación transformadora. Si admitimos la lectura que Lochhead hace de McLuchan, que "llevamos a la tecnología hasta los rincones más profundos de nuestras almas" y que nuestra "visión de la realidad, nuestras estructuras de significado, nuestro sentido de la identidad, están todos alcanzados y transformados" —y yo la admito—, entonces no podremos encontrar consuelo fácil en la perspectiva de disyunción inclusiva.

Debemos formular la gran pregunta. Si, inmersos como estamos en estos sistemas irresistibles y sus ideologías seductoras y hábilmente comercializadas, comenzamos a aceptar que no hay nada antinatural en vivir en entornos electrónicamente interceptados, ¿qué podemos esperar? ¿Cómo será la vida? ¿Qué conexiones sentiremos con las tradiciones de las cuales evolucionamos?

Con anterioridad introduje la imagen de los caminos que se bifurcan, uno de los cuales, decía, está moviéndose siniestramente hacia la vida de pantalla colectivizada y desmaterializada. ¿Y qué pasa con el otro? No basta solo con decir que el otro es el camino abandonado, algún lugar de vida predigital en donde podríamos habernos quedado, pero no lo hicimos. El asunto más profundo es si aún existe la opción y, si la hay, cuál podría ser, y cómo podría vivirla una persona. ¿Cómo hacer un espacio para el yo privado, cómo defender teóricamente sus reclamos intangibles frente a tantos cambios?

Mi primera respuesta es volver hacia Rainer María Rilke y su gran ciclo meditativo —y profético— *Las elegías de Duino*, que completara con un legendario estallido de inspiración en 1922. Repletos de temas espirituales y de ideas, los diez largos poemas de Rilke abordan los mayores cuestionamientos de la humanidad, muchas veces procediendo mediante lo que parecen obsesivas digresiones sobre el amor, la muerte, la autorrealización; si algún autor ha puesto el yo existencial en el centro de su trabajo, ese ha sido Rainer María Rilke. Y si existe un giro de 180 grados respecto de la imagen humana que presenta Bustillos, Rilke es su exponente.

El lema de Rilke, el concepto conductor de las elegías, es la *transformación*. El autor percibe nuestra residencia en la Tierra como algo frágil; registra una ansiedad que misteriosamente se asemeja a la ansiedad con la que muchos de nosotros vivimos todos los días. Pero mientras que el impulso de nuestra era claramente se inclina hacia el dominio instrumental, hacia lo que es, en efecto, la invención de un ámbito paralelo en el que todos colaboramos y, quizás, nos desplazamos hacia algún tipo de gran fusión social, él ofrece el otro camino difícil. En lugar de escaparles a las demandas impuestas por el ser individual —lo que equivale, en su raíz, a ser solitario—, nos exhorta a enfrentar ese mundo, a asimilarlo, sufrirlo y, en el proceso, aunque sin garantía de éxito, transformarlo.

Esta idea, similar a la noción de "construcción de almas" de Keats, es el quid de la gran Novena elegía de Rilke. El lenguaje es a la vez místico e íntimo. Al preguntarse "¿por qué *tener que* ser humanos y, evitando el destino, anhelar destino?", se responde:

> *(...) porque es mucho estar aquí, y porque al parecer*
> *nos necesita todo lo de aquí, lo fugaz, de manera extraña*
> *nos concierne. A nosotros, los más fugaces.*
> *Todo una vez, solo una. Una vez y nada más. Y nosotros también*
> *una vez. Nunca otra. Pero este*
> *haber sido una vez, aunque sea una sola:*
> *haber sido terrenal, no parece revocable.*

El giro aquí, el momento vital, es cuando Rilke sostiene que el mundo nos necesita. ¿Qué puede estar queriendo decir? Es casi como si la existencia fuera de algún modo una colisión entre niveles del ser animado, nuestra conciencia, y la sensibilidad tan diferente de lo que él llama el mundo de las criaturas, de la naturaleza —como si nuestros propósitos filosóficos y psicológicos, así como espirituales, fueran traer *ese* mundo a la conciencia, elevarlo—. Pero no de manera colectiva, como la noósfera de Chardin, ni digitalmente, en una nube de datos, sino en un nivel subjetivo, hacia adentro, a través del lenguaje.

Unas líneas después, en uno de los famosos pasajes de esta elegía, se pregunta:

> *¿Acaso estamos aquí para decir: casa,*
> *puente, fuente, puerta, jarra, árbol frutal, ventana;*
> *a lo más: columna, torre? (...) Sino para decir, compréndelo,*
> *oh para decirlo así, como íntimamente las cosas mismas*
> *nunca creyeron serlo.*

Y:

Tierra, ¿no es esto lo que quieres: invisible
resurgir en nosotros? ¿No es tu sueño
ser alguna vez invisible? ¡Tierra! ¡Invisible![2]

He aquí el extremo del otro camino. No podríamos estar más lejos de Bustillos y su defensa no solo de Wikipedia, sino también de lo que ella percibe como nuestro modo de vivir flamantemente en ascenso; y, sin embargo, *sin embargo*, hay algo que ambas "visiones" invocan, aunque sea de maneras muy diferentes. Esto es la transformación del viejo material dado, el mundo, nuestro origen natural. El camino digital nos distanciaría al construir un nuevo mundo, con nuevas reglas humanas, y se colocaría directamente por sobre el antiguo. Suplantando cosas y experiencias antes no mediadas por sus equivalentes digitales diseñados y perfeccionados. Rilke, quien habla desde su diferente época, inspirado en Nietzsche, Rodin, Cézanne —sus geniales influencias—, pide que aceptemos el mundo, lo incorporemos a nuestra vida, y luego nos esforcemos por convertirlo en el material constitutivo de una conciencia superior.

Ambos supuestos, lo sé, suenan extraños, radicalmente disociados de la vida del momento en el que cualquiera de nosotros probablemente se encuentre. Cuando se le preguntó si creía que los objetos existen solo cuando se los percibe, Samuel Johnson le propinó un puntapié a una gran piedra y dijo: "Yo refuto *así*". Entonces nos sentamos con nuestra taza de té, el cronograma del día que acabamos de recibir, con una mueca de dolor por el corte que nos hicimos con un papel y consideramos nuestra vida como una clara refutación tanto de la vida de la colmena como de la subjetividad trascendental. ¿Pero acaso no conocemos otros estados de ánimo o de la mente, ocasiones en las que nos sorprende que el mundo verdaderamente esté cambiando, y cambiando

---

2   Las tres citas son traducciones de José Joaquín Blanco. (N. de la T.)

de maneras que escapan nuestra fácil comprensión, pero que a veces despiertan en nosotros, dependiendo del día y de nuestra naturaleza, ya sea explosiones de tranquila exaltación o premoniciones de algún temor más profundo?

A OTRA COSA

Hace más de veinte años publiqué el libro titulado *Elegía a Gutenberg. El futuro de la lectura en la era electrónica*. Fue mi respuesta especulativa –aunque también, lo admito, un poco alarmista– frente a lo que parecía el dominio temerario de todo lo digital. Si la "segunda venida" de Yeats no estaba a mano, probablemente sí lo estuviera algún tipo de cambio de paradigma, y dentro de todo lo que se vio afectado puse mi foco en lo que más apreciaba: leer y la cultura libresca. ¿De qué manera la computadora y, no menos importante, la mentalidad informática, cambiarían las cosas –no solo la lectura y la escritura, sino las publicaciones, venta y distribución, y la recepción crítica del trabajo literario serio–? Muchísimo, tal como sabemos. En estas más de dos décadas hemos visto a grandes de la industria editorial entrar en pánico y debilitarse cada vez más librerías independientes, y ahora cadenas; hemos visto el *boom* de la venta minorista en línea, el aumento incesante de la venta de libros electrónicos, el declive de empresas de revisión de imprentas tradicionales y el constante florecimiento de nichos alternativos, como blogs y medios en línea. Pude haber estado acertado en cuanto a ciertos aspectos de la transformación, pero no me enorgullece mucho decirlo. Y también me *equivoqué* respecto de muchas otras cosas, la principal de ellas: la robustez y habilidad de nuestra cultura literaria-intelectual que, como el agua que se desvía, continúa hallando nuevos caminos.

Quizás eso suene a nota amortiguadora demasiado optimista. El florecimiento, en algunos casos, es más una lucha por la continuidad que la confirmación de nuevas soluciones viables. Existe, por ejemplo, una gran cantidad de publicaciones en internet, en blogs y periódicos en línea que no son pagas, que permite a quienes defienden el nuevo culto vociferar: "¡Miren, estamos floreciendo!", mientras que al mismo tiempo es más difícil de lo que ha sido durante mucho tiempo para un escritor vivir siquiera a medias de su pluma. Existe un grave problema respecto de la monetización en una cultura en línea basada en el principio de que "la información quiere ser libre". Asimismo, simplemente no tenemos ni idea de qué consecuencias producirán las nuevas fuerzas causales, aun cuando estamos comenzando a comprender en qué consisten dichas fuerzas.

Las ondas —y no solo las literarias, sino *todas* las ondas— están ahogadas por el ruido. Es una condición de extrema saturación, y vemos la consiguiente lucha en todos los flancos por capturar la atención del lector y espectador. Globo ocular. Imágenes, enlaces, eslóganes, textos, sonidos… no existe un fin previsible de la producción y el consumo de ninguno de ellos. La irrupción sin precedentes de la digitalización, junto con las innovaciones en los medios de comunicación, han provocado un cambio que traza una dura ruptura en la línea de tiempo histórica. Todo pasó en el transcurso de unas pocas décadas. E igual de sorprendente que el suceso en sí ha sido su aceptación masiva. No debemos restar importancia al poder de las consecuencias —al margen de maravillarnos con nuestras capacidades naturales, cuánto somos capaces de integrar—. ¿Qué ocurre con nuestro "diseño" que lo hace posible? ¿Y qué sugiere acerca de la supervivencia o erosión de las cualidades que siempre han sido el fundamento subyacente de nuestras artes expresivas: la introspección y la imaginación?

Si percibí hace varias décadas que el orden digital constituía cierta amenaza a estos poderes, no estaba muy seguro a través de qué proceso o lógica se manifestaba. Tuve en cuenta la destrucción de contextos, por supuesto, y la pérdida de foco ante el desborde caótico de información; los riesgos de la distracción. Pero había un elemento clave que faltaba en el análisis, uno que ahora parece más evidente, que son las consecuencias específicas inmediatas que tal desborde estaba teniendo sobre nuestro funcionamiento neuronal.

La neurociencia es el estudio de los mecanismos y el funcionamiento del sistema nervioso, de la transmisión de impulsos, de la cognición y la memoria. La ciencia, por supuesto, existía en esa época y estaba ampliando su espectro de descubrimientos, pero aún no había alcanzado nada como su estado actual. Para ello se requerían financiamiento, la realización de diversos estudios y... eco mediático. Pero todo eso se ha dado. Sin dudas, la neurociencia ahora es el centro de toda discusión relacionada con el pensamiento o a la memoria. De hecho —y este es casi un campo de metaestudio en sí mismo—, ofrece un modelo explicativo del funcionamiento de la mente que de tantas maneras es compatible con las premisas de las ciencias de la computación. A quienes estudiamos y cuestionamos los impactos de estas tecnologías nos ha provisto de un eslabón fundamental, uno que intensifica la pregunta de hacia dónde vamos. Dicho cuestionamiento hace poco animó a Nicholas Carr a realizar su amplio y sugestivo estudio: *Superficiales. Qué está haciendo internet con nuestras mentes*.

Carr atrajo considerable atención en 2008, cuando el *Atlantic* publicó en la tapa un artículo suyo titulado "¿Google nos está volviendo estúpidos?", un ensayo que comienza con una imagen de una insinuación perturbadora. El autor cita la película *2001, Odisea en el espacio*, la escena en que la computadora HAL está llamando al astronauta Dave, quien sistemáticamente está desconectando sus circuitos de memoria. "Dave, estoy perdiendo la mente", lamenta, "puedo sentirlo". Tras atraparnos con esa porción de *pathos*, Carr luego vira —baja un cambio—

y observa cómo él mismo había notado poco tiempo atrás que tenía mayores dificultades en sentarse y leer un libro a la vieja usanza. Cada vez le era más difícil enfocarse solo en un texto; se sentía impaciente, inquieto, frustrado. "Ahora mi concentración suele comenzar a andar a la deriva luego de dos o tres páginas. Me pongo inquieto, pierdo el hilo, comienzo a buscar otra cosa para hacer. Siento como si siempre estuviera arrastrando a mi cerebro díscolo de vuelta al texto." ¿Qué estaba sucediendo? Era casi como si algún Dave estuviera tirando de algún cable.

Carr sostenía que la dificultad podía haber tenido algo que ver con el hecho de que pasaba la mejor parte del día trabajando en la computadora, haciendo todos los comportamientos multitareas tan familiares para nosotros. Quizás la pantalla estaba reconfigurándolo. No sorprende mucho —¿acaso no nos hemos preguntado todos lo mismo—? Pero Carr fue más lejos: comenzó a cuestionar su hipótesis a la luz de diversos estudios que estaban publicándose en el floreciente campo de la neurociencia. Y, en efecto, lo que encontró y luego documentó extensamente unos pocos años después en su libro *Superficiales* fue la asombrosa corroboración de sus intuiciones.

La primera mitad de *Superficiales* va directo a la neurofisiología, al sostener, en esencia, que nuestro cerebro es un órgano en gran medida moldeable que modifica su estructura fundamental en función de lo que se le pida. La creación de nuevos caminos —un hecho fisiológico— ocurre bastante rápido. Carr cita, en lo que ahora es un ejemplo muy conocido, un estudio realizado en los cerebros de taxistas londinenses, que reveló una correlación entre su trabajo diario y un hipocampo aumentado, la parte del cerebro que "desempeña un papel clave en el almacenamiento y la manipulación de representaciones especiales del entorno de una persona". Los taxistas de Londres —para *convertirse* en taxistas— primero deben memorizar todas las calles de Londres, una ciudad bastante poco regular. De acuerdo con el antiguo principio de ganancia-pérdida, la hipertrofia estaba acompañada por una reducción proporcional del más pequeño hipocampo anterior, "aparentemente como resultado de la necesidad de dar lugar al crecimiento del área posterior". Y: "Pruebas posteriores indican que la reducción (...) podría haber disminuido la capacidad de los taxistas para otras tareas de memorización".

Otro estudio no menos sugestivo por sus hallazgos analizó las modificaciones cerebrales en dos grupos de personas a quienes se les pidió que aprendieran a tocar una melodía simple, con una sola mano en el piano. Un grupo practicó la pieza en un teclado mientras que los miembros del otro grupo se sentaron frente al teclado y se imaginaron tocando la canción. El investigador, Álvaro Pascual-Leone, "halló que las personas que solo habían imaginado tocar las notas exhibían precisamente los mismos cambios en sus cerebros que quienes en realidad habían presionado las teclas". Carr realiza un análisis teórico detallado para arribar a la conclusión de que "nos convertimos, a nivel neurológico, en lo que pensamos". Esta es una afirmación inmensa y, quizás, audaz: que nuestros ejercicios internos literalmente tengan el poder de modificarnos por completo. No es simplemente que somos lo que pensamos; somos *como*, con qué herramientas, pensamos. Esto parecería tener grandes consecuencias para todas las actividades involucradas en los usos de la imaginación, si bien se precisan nuevas hipótesis y estudios antes de que podamos comenzar a medir las clases y amplitud de los cambios.

Si admitimos que el cerebro toma formas específicas de acuerdo con las operaciones que realiza (la dificultad de Carr para enfocarse en textos largos, por ejemplo), entonces se deduce que nuestro creciente involucramiento con la red fluida y cuasineural que es internet indudablemente está modificando —incluso, haciéndolo *de manera radical*— nuestra estructura cognitiva. Si hay algo de verdad en esto, y las pruebas de los neurocientíficos lo reafirman, entonces debemos tirar por la borda todas esas racionalizaciones despreocupadas de "es solo una herramienta".

El capítulo de Carr sugestivamente titulado "El cerebro del malabarista" va al centro del asunto. "Una cosa es muy clara", escribe, e insiste: "Si, al saber lo que sabemos en la actualidad sobre la plasticidad del cerebro, hubiera que inventar un medio que reconfigurara nuestros circuitos mentales lo más rápida y completamente posible, es probable que termináramos por diseñar algo que se vea y funcione de manera muy parecida a internet." Lo que está diciendo el autor, en efecto, es que nosotros mismos diseñamos la herramienta que alterará de manera radical nuestras propias mentes, las mismas que en primer lugar diseñaron la herramienta. Aquí opera una sinergia desconcertante, que nos encuentra comenzando a borronear los límites entre los individuos y sus tecnologías. Nos acerca mucho más al mestizaje hombre-máquina que algunos de nuestros visionarios de la ciencia ficción habían previsto en las barajas.

Tras delinear un inventario básico de las funciones de internet, Carr revela cómo dichas funciones influyen directamente sobre nuestros procesos cognitivos. Articula aquello que todos los que pasamos tiempo frente a la pantalla en algún momento hemos descubierto: "Nuestro uso de internet implica muchas paradojas, pero la que promete tener mayor influencia a largo plazo sobre cómo pensamos es la siguiente: la 'red' captura nuestra atención solo para dispersarla". ¿Se trata de una paradoja? No estoy seguro de que la "red" sea una cosa y no un entorno; la dispersión de la atención se produce a medida que nos involucramos en sus procesos, en sus estructuras. Pero no importa, el punto es la fragmentación repetida del foco, que fue lo que hizo que Carr comenzara su investigación sobre las consecuencias.

¿Cuáles son las secuelas de esta dispersión? ¿Cómo puede ser que un modo de funcionamiento mental que es individual y cultural –lineal/secuencial/causal– comienza a dar lugar a otro tipo de relaciones? ¿Cuál es la causalidad? "Al igual que las neuronas que se disparan juntas permanecen conectadas", escribe Carr, "las neuronas que no se disparan juntas no permanecen conectadas". Y esto es más que un mantra pegadizo. Es más bien un resumen científico del hecho de que nuestra intensa inmersión en internet hace que utilicemos nuestros cerebros de diferentes maneras, y estos usos nos están desviando continuamente —mediante cambios fisiológicos reales— apartándonos de ciertas orientaciones y aptitudes mentales. ¿Con qué fin? Esa sería la pregunta de las preguntas. Una manera obvia de reflexionar sobre el significado del cambio es preguntarse qué se está perdiendo.

Carr apunta: "Las funciones mentales que están perdiendo la batalla de células cerebrales de 'la supervivencia de las más activas' son las que mantienen pensamientos tranquilos y lineales —las que utilizamos para recorrer una narración extensa o un argumento comprometido, a las que acudimos cuando reflexionamos sobre nuestras experiencias o contemplamos un fenómeno externo o interno—. (...) Pareciera que estuviéramos adquiriendo las características de una tecnología intelectual nueva y popular". Al provenir de alguien que cree en la cultura de la contemplación, dedicado a la lectura y al refinamiento de la precisión expresiva —de hecho, cuyo sentido de relevancia personal está profundamente arraigado en la búsqueda de sentido a través del lenguaje—, me parece que es una aseveración aterradora. El efecto se inscribe directamente en sus propios cimientos; no difiere de escuchar que algunos aspectos del cambio climático ahora son irreversibles.

Carr está realizando una afirmación gigantesca —y enormemente perturbadora—, y necesitamos armarnos de un poco de dicho "pensamiento tranquilo y lineal" para contemplarla. Como editor, profesor y seguidor de los debates públicos con escritores y artistas, veo a los "superficiales" epónimos de Carr en todos lados. Creo que todos lo hacemos; en un discurso político que se ha vuelto nervioso e insustancial, en una vida pública en donde los valores y la seriedad parecen haberse esfumado. Lo veo en cualquier lugar, en la notoria reducción de estudiantes de carreras humanistas (¡no hay trabajo!) y, peor todavía, en la aparición, dentro de ese terreno cada vez más pequeño, de lo que ahora se denomina "humanidades digitales" que es, fundamentalmente, la aplicación de *big data* —información cosechada por computadora— para el estudio de, por ejemplo, la literatura. Lo que se *siente* es una sustitución enorme del juicio subjetivo en manos de una cuantía de datos agrupados. Se comienza a percibir una sensación de triunfalismo de datos en el aire, como si se hubiese establecido formalmente que solo la necesidad cuantificable importa.

Por supuesto, no podemos dejar de preguntarnos: ¿cuál es la adquisición más grande de nuestra historia de amor colectiva con teclados y pantallas, de nuestra inmersión sistémica en datos, de nuestra recepción y divulgación ininterrumpida de señales? ¿De qué manera ello está afectando a los colosales intangibles *in*cuantificables —nuestro pensamiento, nuestro sentido de la iniciativa, nuestras propias nociones subjetivas, nuestras formulaciones de sentido privado y social—? ¿Podría ser, para invocar conceptos de verticalidad y horizontalidad, que estos intangibles (cimientos de gran parte de nuestro legado humanista) estén sencillamente fuera del alcance —o sean desproporcionados— de los movimientos estrictamente laterales que permite internet? ¿Podría ser que estemos dejando que las posibilidades de internet definan los términos de nuestras conversaciones? No existen tiempos profundos en este ámbito de impulsos intermitentes, y gran parte de lo que nos define —la contemplación, inmersiones estéticas, la resonancia sostenida de la interacción humana— solo ocurre cuando *hay* tiempo y atención profundos. ¿Pero dónde y cómo analizaremos estas preguntas cuando la mayor parte del análisis —la mayor parte de *cualquier cosa*— ocurre dentro del ámbito de las señales digitales?

Yo no creo que nuestro creciente uso de internet (sin mencionar la miríada de otras tecnologías enlazadas o incrustadas) pudiera preocuparme si tuviese la confianza en que podría brindar, tal como dicen sus adeptos más acérrimos, los tipos de coherencia que alguna vez soñamos posibles en el vasto, pero aún mucho más confinado, orden del texto impreso. Si yo creyese que el mundo digital pudiera fomentar —o incluso solo permitir— el tipo de pensamiento tranquilo, lineal y reflexivo que Carr describe como en peligro de extinción, acallaría a mi Casandra interior. Pero es indudable que se trata de un sistema, como él dice, con un enorme y particular poder de configuración. Y si los neurocientíficos están acertados sobre la plasticidad del cerebro y de las consecuencias de las conexiones de nuestra estructura psíquica, entonces debemos admitir seriamente que, como usuarios, podamos aceptar con los ojos cerrados las cualidades del medio.

En una visión más amplia, detrás de toda la teorización y las conjeturas, discernimos ciertos desacuerdos profundos; de hecho, hay batallas que se libran en varios frentes sobre visiones de la verdad, los valores y las interpretaciones de lo humano.

Poco tiempo después de que apareciera el ensayo de Carr en 2008, el influyente profesor y especialista digital Clay Shirky le respondió a través de una publicación en el blog de la *Enciclopedia Británica*. De por sí, la existencia de dicho blog subraya las crecientes ironías de la vida en un período crucial, pues ¿qué *era* la *Británica* si no una cierta apoteosis de la civilización posterior a la Iluminación basada en el texto impreso? Podría decirse que la visión de Shirky representa la de muchos de los llamados *digeratos*[1] y merecen nuestra atención.

Shirky comienza por identificar los puntos comunes. "Considero que las premisas de Carr son correctas", escribe. "Los mecanismos de los medios afectan la naturaleza del pensamiento." Pero mientras que Carr opina que esto es muy preocupante, Shirky toma la transformación como un desafío inevitable que deberíamos ansiar conocer. Para él, internet es una explosión de abundancia que vino para quedarse, y cualquier referencia a la conciencia previa a internet es un ejercicio de nostalgia inútil. Y contiende: "el hecho principal es tratar de dar forma a la expansión más grande de capacidad expresiva que el mundo jamás haya conocido". Hay un fatalismo histórico aquí, una idea de que la transformación que está ocurriendo es irreversible y de que el único camino de acción posible es aceptarla. Lo cual podría ser otro modo de

---

1   Neologismo proveniente de la combinación de los términos *digital y literato*. (N. de la T.)

decir que, en este punto, el criticismo y la preocupación son descorteses, y nos apartan de la tarea necesaria y loable que tenemos por delante.

En efecto, la afirmación de Shirky al principio suena como una exaltadora llamada a la unión, una cita que difícilmente podría rechazarse. Pero mantener la lente sobre el tema y resistir también revela una circularidad fastidiosa: si en gran medida la mente está siendo moldeada por el medio, ¿qué tipo de forma dará dicha mente al inmenso flujo de información? ¿Cuáles serán sus términos, estructuras, principios e ideales? Y si en realidad el medio está moldeando la mente y no todo lo contrario, ¿qué pasa con nuestros preciados conceptos de autonomía y libertad? El optimismo de Shirky parece estar parcialmente basado en una supresión de la volición humana en sí misma.

Shirky prosigue con varias afirmaciones perturbadoras en el cuerpo de su breve texto, que parecieran encarnar una manera de pensar que con rapidez está ganando terreno —pensar así se bautiza a sí mismo de progresista y descarta el programa de la oposición por considerarlo obsoleto—. Lo que obtenemos como resultado no es tanto un debate de ideas sino que uno de los lados implementa su propia versión del cambio histórico como un decreto. Es decir, en términos más sencillos: estamos marchando hacia la era de la tecnología digital y, por lo tanto, se niegan las suposiciones de épocas anteriores. El ensayo de Carr, escribe Shirky, está "enfocado en un tipo de lectura muy particular, lectura de literatura, como una metonimia para todo un estilo de vida". Subraya el uso que hace Carr de referencias literarias y en especial destaca *La guerra y la paz*, de Tolstói, que Shirky afirma que representa "la cima de la ambición literaria y de la devoción lectora".

Una vez que encuentra su objetivo, se entusiasma para el ataque. Al denigrar la novela de Tolstói por ser "demasiado larga y no tan interesante" —no es el primer lector que tiene esta postura, claro—, Shirky adopta el tono de cómico nocturno. Anuncia que ya nadie lee las obras supuestamente maestras; la televisión puso fin a esa actividad hace décadas, a pesar de que a los llamados literatos se les permitió mantener su estatus cultural. Pero ahora, con lo que él anuncia como el crecimiento de la lectura conducida por internet, Shirky sostiene que no encontramos ningún interés renaciente en estos "íconos culturales". Esto, para él, es prueba de "la enormidad del giro histórico que está dando la cultura literaria". Y hace leña del árbol caído una vez más: "La amenaza no es que la gente deje de leer *La guerra y la paz*. Ese día pasó hace mucho. La amenaza es que la gente deje de venerar la *idea* de leer *La guerra y la paz*". Por supuesto, no creemos que para Shirky esto constituya una verdadera amenaza.

Su lógica aquí es atacar una obra canónica única y, al hacerlo, intenta tirar abajo todo el edificio de la cultura –como si todo lo que los humanistas profesaron como valioso se alzara sobre ese único pie, como si toda la lectura seria estuviera supeditada a la consideración que el lector tenga de la epopeya de Tolstói–.

Tal como luego desarrolla, sin embargo, Shirky está analizando la obsolescencia de los valores literarios para arribar a un punto más importante: que cierto tipo de *personalidad* –la "estructura compleja, densa y de estilo catedralicio de quienes tienen una gran educación y una personalidad elocuente" (toma prestadas las palabras del dramaturgo Richard Foreman, citado por Carr en su ensayo *Atlántico*)– está muy lejos de extinguirse. Dicha forma de pensar ya no lidia con los procesos y las funciones de internet. Y continúa: "En la red que tenemos, muchas veces el bazar funciona mejor que la catedral (…) Que la sociedad en red funcione bien significará producir trabajos cuyos temas resuenen mejor en la red, al igual que para que la imprenta funcionase era necesario perfeccionar los tipos de impresión".

Shirky, entonces, está declarando la muerte no solo de la personalidad "literaria", sino, con ella, de la manera de pensar que es mucho más que una adoración fatua de supuestas obras maestras. Destituyendo a los lectores del megalito de Tolstói, también, al tomar la parte por el todo, desecha los ideales y legados de la Ilustración. Pero más aún, desecha todo pensamiento (y expresión) que no se ocupe de datos y hechos, sino que en cambio trate sobre el ámbito que se encuentra a ambos lados de la certeza —que tiene que ver con las conjeturas, la imaginación, la exploración de nuestros impulsos y valores afianzados—. Sencillamente, nos está llamando a dar forma a nuestro pensamiento de acuerdo con las maneras de internet, que de repente han sido entronizadas como la nueva norma de procedimiento de las cosas. Tan escalofriante como las aseveraciones de Shirky es la indiferencia con que acepta el marchitamiento de una cultura entera, con siglos de historia —incluso, pareciera que se *regocija* de tal acontecimiento—. No hay lugar para ambigüedades ni para lo que no se rinda ante los cálculos. Me pregunto, por supuesto, qué lugar ha destinado a la idea de belleza y —si está permitida—, en qué términos puede ser evaluada.

Por cierto, resulta interesante destacar, en términos relativos, cuán poco tiempo hace que todos nosotros en la humanidad estamos inmersos en la "teoría", que en sus innumerables exfoliaciones no solo atravesaba momentos de ambigüedad e inestabilidad de significados, sino que también los producía. Sin más. La teoría, actualmente, lleva puesto el cartel de "orden de no resucitar", mientras que el *big data* —acopios informáticos complejos de recurrencia textual— está en ascenso.

Si todo esto fuese solo la visión de Shirky, no importaría mucho. Pero sus palabras son el reflejo de un estilo de pensamiento, una actitud y un conjunto de supuestos que están extendiéndose. A veces parece como si el hombre se hubiera autoproclamado portavoz del partido de lo nuevo. Sus evaluaciones cuadran con lo que el pensador sobre medios Jaron Lanier, conocido por, supuestamente, disentir desde las filas de Silicon Valley, ha caracterizado como la cosmovisión de sus colegas de la elite cibernética: la impaciencia e incluso rabia hacia lo que ven como el orden antiguo, junto con la presteza en ceder todo al paradigma de internet.

Afirmaríamos, entonces, que está en marcha un cambio absolutamente sin precedentes, uno que está volviendo a moldear no solo nuestros comportamientos, sino también nuestros supuestos esenciales. Como sigue un paradigma electrónico, en oposición a uno mecánico, esta transformación es mucho más acelerada y psicológicamente más formadora que cualquier transformación tecnológica previa que hayamos experimentado como especie. La diferencia apabullante es que mientras que en el pasado podía decirse que interactuábamos con diversos sistemas —los del comercio, la ley, la política, la educación—, ahora esos sistemas están, en efecto, fusionándose y convirtiéndose en uno solo, una unidad colosal e inmanejable que ejecuta todas sus partes con códigos de unos y ceros. Esta subsunción de muchos en uno está ocurriendo justo frente a nuestros ojos, en el lapso de una generación, y de una manera tan absoluta y simultánea que no hay lugar para quedarse al margen para evaluar qué está sucediendo.

Tal como expresa Shirky, "el hecho principal es tratar de dar forma a la mayor expansión de capacidad expresiva que el mundo jamás haya conocido". Sí, estoy de acuerdo —¿quién podría no estarlo?—, pero simplemente no puedo explicar su aplomo. Tengo demasiadas preguntas incómodas. ¿Cuáles serán nuestras herramientas, qué habilidades esperamos dominar y, dado que toda determinación se hace con algún objetivo en mente, cuál es nuestro propósito? ¿Qué imaginamos que estamos creando? ¿Y cuáles son las consecuencias, si resulta que simplemente no lo sabemos?

Carr decidió titular su libro *Superficiales* y, en mi opinión, eso funciona como el resumen descriptivo más atractivo de hacia dónde nos dirigimos. Puede ser que estemos hechos para la exploración de las profundidades —nuestras primeras tradiciones más nobles, después de todo, fueron la filosofía y la poesía—, pero hemos dado un giro de 180 grados y ahora nos dirigimos hacia la dirección opuesta. Sin dudas, esto parece una afirmación simplista —y drástica—, pero consideremos la contundente caída de inscriptos en esas carreras y otras relacionadas en facultades y universidades de todo el mundo. El hecho es que hemos inventado un sistema que está haciendo que semejante cambio de prioridades parezca inevitable, y lo estamos consintiendo, al hacer los ajustes necesarios sin análisis sostenidos. Es evidente que hay pocas o ninguna queja. Y, al haber cada vez menos jóvenes involucrados en las áreas de humanidades, parece poco probable que se den grandes retrocesos en el futuro. Pero entonces, ¿cuántos de nosotros vemos la situación en estos términos? ¿Cuántos verdaderamente estamos viendo que es una situación? Una de las características más poderosas y seductoras de todo el sistema de internet es que está repleto de contraprestaciones. Estoy seguro de que muchos, al igual que Carr, hemos hecho una pausa para preguntarnos si nuestra creciente dependencia diaria —o fijación— de las pantallas no podría estar modificando nuestros reflejos de pensamiento. Pero, tal como Carr señaló con tanta presteza, cualquier registro de pérdidas es contrarrestado por un inventario de beneficios de bienvenida. Pensemos en todo lo que podemos explorar, en las increíbles velocidades laterales de lo que ahora somos capaces, en la riqueza de otros tipos de información (visual, verbal, musical). Entonces, ¿cuál es el problema si no estamos pensando igual que antes? ¿En dónde está escrito —o cifrado— que existe solo una manera correcta de pensar? Y en cuanto a ese paradigma humanista de la Ilustración... ya sabemos que es solo uno entre varios del menú.

¡En dónde está escrito, ciertamente! Pero tampoco nos olvidemos de que las preguntas, los términos están aquí aún tomando forma según la matriz de dicho paradigma, que permanece alojado en lo más profundo de nosotros mismos. Si bien pudo haber habido otros caminos, *fue* el camino elegido evolutivamente, aunque, por supuesto, deberíamos añadir que también fue el camino que nos condujo a diseñar las operaciones racionales del sistema que ahora está ejerciendo una gran presión alternativa sobre nuestro pensamiento.

¿Cuáles son las pérdidas y cuáles los cambios? El término de Carr fue *superficiales,* y antes yo utilicé el adjetivo *lateral*. Hay tantas maneras de cuestionar todo este asunto de transición y transformación, y necesitamos emplearlas todas, pero para una consulta inicial sobre los efectos, podríamos considerar la oposición de dos paradigmas fundamentales relacionados con el pensamiento humano. No son nuevos. De hecho, el poeta griego Arquíloco fue quien primero presentó los símbolos tan relevantes del zorro y el erizo, al escribir: "El zorro sabe muchas cosas, pero el erizo sabe una muy importante". Y aquí vemos una temprana observación de polaridades: el contraste entre la amplitud expansiva e inclusiva (pero, necesariamente, superficial) y la penetrante (y profunda) intensidad. Se ha visto a las culturas oscilar entre ambas, produciendo extraordinarios ejemplares de una y otra. El pensador Isaiah Berlin, O.M.[2], ilustró esto en su clásico ensayo *El erizo y el zorro*, donde contrasta —y esto es interesante ante los dichos de Shirky— a Dostoievski como ejemplo del primero y a Tolstói, del segundo.

Internet —y no sé quién contradiría esto, o cómo lo haría— es el instrumento por excelencia de la conexión lateral. Se trata de su poder y su gloria, el hecho de que nuestros motores de búsqueda puedan recuperar y vincular materiales en un abrir y cerrar de ojos, y luego dirigir esa mirada a otra cosa, y a otra. Porque todo se conecta, y en el mundo digital el globo ocular está en constante movimiento. El resultado es que contamos con una extraordinaria movilidad entre puntos, movilidad que crea un impulso y una expectativa que muchas veces colisionan con la estrecha intensidad y el enfoque necesarios para cualquier tipo de desarrollo sostenido. Internet es una herramienta para recolectar información, y mucho menos un espacio favorable para el trabajo que orbita a una velocidad más lenta: la contemplación.

"Así es que...", y ahora agregaríamos con cinismo las siguientes palabras: "Así es que, ¿perdemos la contemplación? Entonces, perdemos la contemplación...". Pero no, no es tan sencillo. Porque, verán, la contemplación no es una categoría de subconjuntos, no es simplemente un modo de pensar dentro de muchos. Es *el punto* del pensamiento, su alfa y omega. La contemplación apunta a lo existencial, es decir, a

---

2 Orden de Mérito. Distinción concedida por el Reino Unido a personalidades extraordinarias de la ciencia, el arte o la literatura. (N. de la T.)

aquello que se relaciona con el posible *porqué* de nuestro ser. Linda con lo religioso, pero también tiene una poderosa formación secular. La contemplación es lo que casi inevitablemente aparece tan pronto como permitimos la posibilidad de que la existencia no sea trivial ni incidental; es la mente, el espíritu, que busca preguntar por qué no. No puede sobrevivir en donde no hay soledad, o la experiencia de tiempo como duración, en donde no hay ocasión para prolongarse entre indicios y conjeturas. Y, en lo que a mí respecta, su pérdida sería un destierro a la superficialidad, al reino de lo trivial.

Esta mañana me desperté pensando en un grupo de habitaciones del edificio principal del *campus* de la universidad de Bennington, en especial tenía en la mente una imagen de esa pequeña extensión y recordaba una tarde, hace años, en que miraba por la ventana, con la vista fija y en absoluta contemplación. Estaba en un tercer piso, dentro de un enorme depósito desocupado, repleto de trastos viejos e instrumentos gastados, lo cual significa que estaba escondiéndome de los estudiantes (daba clases de escritura en forma interina) o me sentía un explorador y, a medida que lentamente tomaba una panorámica de la topografía de losas, tuberías e islas heterogéneas de revoltijos desparramados, dos pensamientos muy nítidos vinieron a mí, uno detrás del otro. El primero era que en ese momento nada en ningún lado podía tener menos sentido que esa superficie angustiante y de apariencia descuidada. Y el segundo, que me provocó una voltereta mental repentina y epifánica, que *debía* haber contextos en los cuales estas mismas superficies destartaladas y repletas de hollín, con tuberías que sobresalían pareciesen los rasgos más interesantes e importantes del mundo.

¿Y qué pasaría si —lo imagino por un instante— me propusiera ser un artista, un dibujante, encargado de representar esta porción de terreno hasta su último detalle, se me pidiera observar cada protuberancia y remache como un desafío visual, se me forzara a estudiar cada borde serrado de laja hasta que pareciera llegar al umbral del noúmeno? En este contexto, pensé en Cézanne y sus paisajes, que son más bien estudios en profundidad del acto de observar en sí, y también evoqué *La novia desnudada por sus solteros, incluso* de Marcel Duchamp, esa magistral emboscada de lo ordinario −o subordinado− que en parte consiste en polvo recogido en un gran panel de vidrio. John Cage también estaba en mis pensamientos, la idea de trasladar el foco del objeto percibido (o escuchado) a las expectativas de quien lo percibe y sus impulsos constructores de patrones.

Aún inmóvil junto a mi ventana, también concebí una situación fantasiosa. Me imaginé como un hombre en un vuelo desesperado, escondiéndome o atrapado, con ninguna opción más que hacer lo que Crusoe con el tiempo por delante, arreglándomelas con lo que tuviese a mano, entrometiéndome y amontonando los gruesos guijarros, calculando a simple vista, investigando cuál sería el rincón más protector posible, animadamente en armonía con la acústica, con los movimientos del sol y las sombras, y comenzando a mirar detenidamente las palomas del lugar y sus costumbres de acoplamiento. En tales circunstancias, consideraría que esos pocos metros cuadrados como los determinantes más fundamentales de mi supervivencia.

En ambos casos vi −y estoy seguro de que podríamos visualizar infinidad de otros escenarios− cómo una contemplación decidida y adecuada contextualización de casi cualquier cosa puede crear a su alrededor una sensación de dignidad. Todo fue muy al estilo Walker Percy, ese juego hipotético con la metafísica de la materia. De hecho, hay un momento en la novela de Percy, *El cinéfilo*, en que el personaje Binx, al analizar la acumulación de objetos de su vestidor, de pronto percibe el despertar de una enorme curiosidad existencial. "Parecían a la vez desconocidos y repletos de pistas (...) Lo que era desconocido de ellos era que podía verlos. Podrían haber pertenecido a otra persona. Un hombre puede mirar esta pequeña pila en mi oficina durante treinta años y no haberla visto ni una vez (...) Una vez que la vi, sin embargo, la búsqueda se volvió posible." Tuve cierta sensación de despertar, pero con una inclinación más específica. La mía fue, luego me di cuenta, una epifanía sobre la información.

La información –incluso entonces estaba presintiéndolo – es una función del contexto, pura y llanamente. En forma aislada, un hecho o un dato no son nada. Se convierten en información en el sentido antiguo solo cuando se los entrega, se los convoca de la inercia de la muerte y del polvo de su mera potencialidad. Y esto solo puede ocurrir cuando hay algún tipo de narrativa, un contexto significativo. Un claro ejemplo es la guía telefónica, básicamente un montón de pulpa de celulosa codificado carente por completo de interés, hasta que necesitemos un número de teléfono, punto en el cual esa inmensa reunión de nombres y cifras podría convertirse (por unos segundos) en lo más importante de la habitación.

La conclusión quizás sea obvia, y su relación con el supuesto del *campus* simplemente rara, pero se me ocurrió por primera vez hace unos pocos años, después de leer "¡Escanee este libro!", la fantasía levemente futurista de Kevin Kelly en la revista del *New York Times*, y luego, la réplica de John Updike, "El fin de la autoría", publicación de un discurso en la American Booksellers Association.

Kelly, quien durante un tiempo se autodenominó "el mayor inconformista" en la revista *Wired*, es el autor, entre otros libros, de *Fuera de control. La nueva biología de las máquinas, los sistemas sociales y el mundo económico*, un trabajo donde proponía que la organización colectiva de las abejas podría servir como modelo para el ser humano en la emergente era de la información. Su ensayo publicado en el *Times* se relaciona con esta mirada sobre nuestra evolución, y postula que con la llegada y normalización de las potentes tecnologías digitales nuestro vínculo con la información ha cambiado completamente, y una de sus principales consecuencias es que "la biblioteca universal ahora está a nuestro alcance".

La visión de Kelly, tal como él la vende, supera al mismísimo Borges. Sueña con hacer alquimia con todos los textos del mundo para convertirlos en bits. A fin de imaginarnos la magnitud de la tarea, podríamos citar el clásico cuento del argentino "La biblioteca de Babel", con su descripción detallada de la disposición literalmente interminable de las estanterías hexagonales, similares a un panal. Para Kelly, sin embargo, lograr la compresión y el acceso total es solo el primer paso. Escáneres de alta velocidad ya están poniendo miles de libros en formato digital a diario; bibliotecas enteras se están apiñando en el espacio de una oblea. La verdadera revolución –lo apasionante– comenzará cuando se disuelvan las paredes que siempre han mantenido los objetos escritos separados unos de otros. Apenas se hayan digitalizado todos los textos, el poder de los motores de búsqueda como Google podrá liberarse; entonces, estaremos listos para la gran e inédita fusión de textos.

Kelly prosigue y explica cómo, "una vez digitalizados, los libros podrán desplegarse en páginas o ser reducidos aún más, en fragmentos de páginas. Dichos fragmentos serán vueltos a disponer en libros reordenados y estanterías virtuales". A su modo de ver, el único obstáculo verdadero es la noción irritante y anticuada de los derechos de autor que en la actualidad impide que sean escaneados muchísimos textos del mundo. Pero si nos tienta destituir al autor como otro visionario apasionado, recordemos en dónde apareció su artículo. Tampoco está solo. El prominente historiador y bibliotecario Robert Darnton ha estado teorizando durante años sobre los horizontes de la digitalización, y con cada nuevo artículo amplía un poco más las posibilidades.

La hipótesis de Kelly surge de un nuevo modo de pensar acerca de la información, y lo fomenta; se trata de un modo que pareciera estar ganando terreno con rapidez este último tiempo. Me refiero a la idea de una inteligencia colectiva, para darle mi propio sello, la idea que permite a Kelly afirmar que "el hipervínculo y las etiquetas podrían ser las dos invenciones más importantes de los últimos cincuenta años". Un *hipervínculo*, sabemos, es una conexión entre distintos fragmentos de información; una *etiqueta* es una atribución identificatoria añadida a un elemento para que se lo pueda buscar y acceder a él en un nuevo eje, lo cual intensifica su visibilidad potencial en la web. Por ejemplo, alguien que busca "cachorrito" encontrará también enlaces al buscar "perro", a la vez que, digamos, "lindo", siempre que alguien haya "etiquetado" su contenido de esa forma.

Esto suena bastante inocente (sobre todo si pensamos en unos cachorritos), pero de hecho las consecuencias son inmensas y, para quienes somos recelosos de las tendencias tecnológicas, muy alarmantes. Una vez que se acepte la cuasifuturística posibilidad de la digitalización absoluta de textos, accesibles en un instante y susceptibles al tipo de vinculación descrito por Kelly, pueden apreciarse las características crudas de una nueva bestia. Estos hipervínculos y etiquetas comienzan a revelar su verdadero potencial, que no es simplemente permitir la recuperación de datos de un espectro cada vez más amplio, sino también iniciar una suerte de votación estadística automática sobre la "importancia" de las conexiones hechas por los usuarios –y, de este modo, crear una jerarquía al estilo de Google sobre la base de cantidades de hipervínculos y su frecuencia de uso–. La biblioteca universal reemplazaría la integridad de textos diferentes a través de una trama de código abierto que refleje –*y refuerce*– patrones de uso colectivo.

Hace algunos años, mientras escribía una elegía para el catálogo de fichas de la biblioteca, Nicholson Baker observó que usuarios veteranos de dichos catálogos podían rastrear manchas y así, a través de rastros visuales, percibir los caminos de usuarios anteriores. Pues bien, la lógica del etiquetado y los hipervínculos amplifica dicho reconocimiento miles de veces, al punto de que utilizar la mega base de datos digital podría asimilarse a una especie de intelección incorpórea, y con el tiempo a una participación en una suerte de pensamiento de colmena. Sin importar hacia dónde viajes en tu búsqueda, es muy probable que una serie de algoritmos haya abierto el camino antes que tú. El cómputo de rastros seguramente será útil, pero también creará una nueva forma revolucionaria de contexto, un giro de lo privado a lo consensual, de lo individual a lo grupal. Cuando el camino está claro frente a ti, también resulta atractivo.

Kelly dista de ser el único proselitista de esta tendencia. Poco tiempo después de que apareciera el ensayo del *Times*, apareció el artículo destacado de Stacy Schiff en el *New Yorker* sobre Jimmy Wales y su creación, Wikipedia, la enciclopedia de elaboración colectiva que con gran rapidez superó a la alguna vez venerada *Enciclopedia Británica* como herramienta de referencia de moda, con sus millones de entradas que superan casi diez veces las ofrecidas por la última, número que aumenta constantemente. Sí, es cierto, el nivel académico es otro, las fuentes a veces son provisorias y la arbitrariedad de inclusión suele ser preocupante, pero muchos de quienes enseñamos hemos descubierto que nuestros estudiantes ya están citándola de modo exclusivo, como si acudir a la *Británica* fuera remontarse a un pasado extinto.

Y aquí está el problema. Si dichas instancias dominantes de inteligencia colaborativa, de información procedente de las masas, ganan terreno, o alcanzan una eventual dominación, será a través de su mera implementación. Así como ahora Google es casi sinónimo de "búsqueda" y a medida que Wikipedia obtiene la aceptación fáctica del uso, la posibilidad de la biblioteca digital universal comienza a parecer cada vez menos una evocación ilusoria. Después de todo, cualquier estudiante secundario o universitario que en estos días escriba una investigación ya está fomentando la causa, muy probablemente sin buscar información en un libro físico y sin siquiera leer de forma consecutiva los textos que pescó en el estanque de Google, confiando en cambio en el camino de hipervínculos ramificados. Y esto es solo al utilizar nuestra web actual. Sin dudas, la web del futuro superará lo que ahora está disponible en todos los frentes, y los reflejos de una generación inmersa en lo digital habrán evolucionado en consecuencia. ¿Alguien cree que si estuviera disponible la herramienta completa de archivo-búsqueda coexistiría tranquilamente con los libros de las bibliotecas de ladrillos y argamasa?

Estoy seguro de que, si la fantasía digital de Kelly se hiciera realidad —y existiesen la tecnología y el conocimiento, al igual que cierto impulso social y empresarial—, reemplazaría con rapidez al viejo sistema de libros con un nuevo orden polimórficamente referencial. Presenciaríamos muchísimos cambios —ganancias y pérdidas—. Sin dudas, el *picoteo electrónico* de ese tipo abriría una serie nuevas de perspectivas y síntesis, por no mencionar procedimientos intelectuales renovados. No debemos descartarlo. También podríamos encontrar un sentido mucho más expandido —y quizás elevado— del conocimiento como una empresa colaborativa, un emprendimiento compartido. Lo que algunos han percibido como la tiranía de las jerarquías y las llamadas narrativas sería aún más debilitado, con sistemas y relatos esquemáticos que darían paso a más representaciones de textura asociativa.

Huelga decir que la preponderancia de libros y autores individuales cedería el paso, como ya lo está haciendo, al pluralismo, a un muestreo cultural descentrado del tipo que Kelly celebra como comprometido y democrático, pero que otros más escépticos podrían ver como un presagio de la disolución a gran escala de un contexto confiable y la autoridad que ello implica. Me imagino extensos campos de información liberada, organizada simplemente a través de enlaces priorizados (¿hechos por quién?, ¿con qué objetivo?) y no puedo evitar preguntarme: ¿cómo navegaríamos en el bazar de datos? ¿Qué estructura estableceríamos, si hiciéramos alguna? ¿Dónde encontraríamos la holgura de una coherencia superior que diera vida a esos bits informativos que pululan? Sí, puedo ver algo de lo que entusiasma a Kelly, pero también veo lo que me parece un saldo deudor del trato.

La disminución de autores y libros es una de las principales consecuencias negativas —por su propio bien, pero más importante aún, por lo que implica con respecto a la posición del yo—. Dejando de lado las vanidades autorales, quisiera preguntar, al igual que el fallecido John Updike, "¿No estaremos privando a la palabra escrita de la antigua función comunicativa entre una persona y otra que se ejercía mediante invenciones como el alfabeto escrito y la imprenta; en resumen, de confiabilidad e intimidad?". Autor y texto, pensador y pensamiento, son quienes forman la base, la matriz de quiénes somos y qué sabemos. Updike habla aquí de lo que es la madre de todos los contextos; el viejo sistema, la suposición de las comunicaciones como individualizadas, que se originan y concluyen en el yo. Por su parte, Kelly circunvala el tema y nunca lo pone sobre la mesa; nos planta en su nuevo paradigma sin dar los pasos para llevarnos hasta allí. Lo que hace que me pregunte si para muchos de esa cibercomunidad el mundo no podría ser ya así.

¿Por qué estos pensamientos me resultan tan perturbadores? Porque, tal como ya he señalado, los datos sin contexto carecen de vida. Nuestro mundo de libros y autores, textos y lectores siempre ha representado exactamente lo opuesto: un cuestionamiento activo del mundo por parte del yo. Aunque sus manifestaciones suelen ser públicas, los motivos centrales de la literatura escrita desde el primer momento han sido esencialmente privados. El pensador y el pensamiento; el conocedor y lo conocido. Durante siglos el libro ha sido el recipiente, y el símbolo de esto. Es tan solo un compendio muy breve de información, de contenidos específicos. Más aún, es una estructura inventada, lo que el fallecido crítico Hugh Kenner denominaba una "energía modelada"; crea una ocasión de sentido. Un libro es generado de manera individual, es el contexto por el cual se peleó, que ocupa su lugar entre otros como él, contendiendo y corroborando. Deshacerlo, separando sus elementos y enlazándolos con otros remotos, es destruir su tensión vinculante. Es apagar la corriente, arrancar los cuerpos que orbitan en su campo magnético y destruir el antiguo cimiento del contexto.

Veo la proyección de Kelly como la consumación hiperbólica de tendencias que están ganando terreno a nuestro alrededor. Estamos cada vez más orientados a trolear, navegar, escabullirnos de sitio en sitio, compartir archivos, concluir ideas locales a partir de totalidades oceánicas sin preocuparnos por el mapa más grande. Nuestro vínculo con la información a través de nuestros motores de búsqueda cada vez más parecería ser otra versión similar al vínculo que existe con el terreno físico en la era del GPS. Resulta cada vez más difícil preocuparse por el proceso cuando se nos entregan los resultados con tan poco esfuerzo. Qué poder tenemos en nuestras manos, qué confianza conferimos —tanto al GPS como a los motores de búsqueda— y qué entrega de potestad. Cuando renunciamos a cualquier sentido real de control sobre nuestros contextos, o dejamos que las máquinas hagan la selección y el análisis, nos estamos haciendo mucho más aptos para ser nodos en un sistema más amplio y seres mucho menos independientes.

Kelly aprueba todo esto sin un verdadero cuestionamiento; también considera la realidad del yo subjetivo con mucha liviandad, asimilándola con facilidad a metas y fines más colectivos. No comprende —probablemente, porque no le interesa— que el libro y el autor son uno de los últimos baluartes que tenemos contra el exceso de información que, al igual que el calentamiento global, bien puede haber pasado ya su punto de recuperación. Si lidiamos con el peligro de modo desinteresado es porque aún contamos con nuestros contextos remanentes en los cuales refugiarnos. Pero eso podría cambiar en una generación. No es difícil imaginar un futuro en donde las personas no solo *no* estén sostenidas por ningún sentido de coherencia, sino que tampoco puedan imaginar que alguien lo esté, que vean totalmente aceptable flotar con liviandad de aquí para allá sin una sólida noción de los orígenes o el destino. He escuchado que la información quiere ser libre. Necesito pensar en eso. También he escuchado que quienes no conocen la historia están condenados a repetirla; aunque me atrevería a mucho más, me atrevería a decir que podrían comenzar a creer que no tiene importancia. Punto en el que alguna versión de la vida de la colmena es inevitable.

"Elijo 'El infierno en una canasta'
por quinientos, Alex"

Aún estoy intentando comprender por qué me sentía tan deprimdo, me enojé tanto a medida que pasaban los créditos la otra noche, al finalizar la tercera y última ronda del que había sido promocionado como el último gran enfrentamiento entre el ser humano y la máquina. Me refiero a la emisión televisiva estadounidense *Jeopardy!*, que desafió a los campeones absolutos del juego, Ken Jennings y Brad Rutter, contra Watson, un programa desarrollado por IBM, representado por un avatar ovoide, fluorescente, rodeado de líneas sobresalientes coloridas que simulaban ser electrones alrededor de un átomo. Watson... noticias de Watson me habían estado llegando desde hacía semanas, del modo en que recibimos las noticias en la actualidad; es decir, a través de una saturación indirecta: señuelos publicitarios por radio, artículos periodísticos periféricos en la página de inicio de AOL y, luego, un artículo del *New York Times* que mi esposa me reenvió, tras haberlo recibido de un amigo. El artículo me capturó. Richard Powers, autor de *Galatea 2.2, The Gold Bug Variations* y de varias novelas premonitorias más sobre nuestra tecnocultura, lo calificaba como un suceso digno de ver, equiparándolo con las partidas entre Kasparov y Deep Blue, convirtiéndolo en otro paso más en lo que se percibe como la fusión casi inevitable de la inteligencia humana con la de la máquina. Pero la idea de que se trataba

(¡palabra de honor!) de un concurso de seres humanos *versus* máquinas era apenas una creación de la oficina de relaciones públicas con meros fines sensacionalistas. El lanzamiento real consistía en un programa que había absorbido casi todos los datos que los seres humanos han generado hasta la fecha y que ahora, gracias a la sofisticación del reconocimiento y la decodificación de patrones de habla humana —más de cien algoritmos que descifran discursos y se ejecutan simultáneamente—, estaba preparado para saber la respuesta a cualquier pregunta que los magos de *Jeopardy!* pudieran plantear.

Y fue básicamente lo que hizo. Desde letras de los Beatles hasta libros de autores poco conocidos, pasando por noticias dignas de aparecer en los diarios sobre propiedad colectiva, Watson regurgitó respuestas correctas nueve de diez veces. Una pequeña pantalla apenas debajo del ícono mostraba tres opciones de respuesta y señalaba el porcentaje de probabilidad en una barra. El espectador se sentía privilegiado al brindársele esta porción extra de conocimiento. Y Watson era adorable. Su avatar estaba equipado con una voz nasal encantadora y una conducta modesta (si es que puede decirse que un programa es "modesto"). La competencia de tres días fue una derrota aplastante, tal como se esperaba. Los dos célebres campeones de todos los tiempos permanecieron ociosos gran parte del concurso, exhibiendo una elegancia admirable, dando las ocasionales puñaladas al jugar, pero ambos con el convencimiento de que lo único que verdaderamente importaba era cómo salir ilesos, algo que ninguno había practicado demasiado, al menos, cuando de jugar al *Jeopardy!* se trataba.

Yo mismo me desinflé luego de las dos o tres primeras preguntas —Watson, Watson, Watson—, y el sentimiento nunca desapareció, a pesar de que obedientemente volví a mirar el programa las dos noches posteriores. ¿Por qué? ¿Qué me obligaba? ¿Imaginé siquiera por un segundo que el ingenio humano prevalecería, que los giros deliberados del fraseo, al igual que Powers pensó con optimismo que podía ocurrir, serían insuperables para Watson, que, por mucho que hayamos cedido en términos de capacidad de recuperación y poder de cálculo, aún gobernábamos el lenguaje y sus imperios de significado? Sin dudas, había un vestigio de eso. Pero no creo que mi gran decepción fuera solo por la pérdida de esa ilusión primaria.

Esa primera noche, sentado y con mi bajón postsuceso, me encontré pensando taciturno en asuntos obvios como la información, el conocimiento y la proyección, pero también era consciente de un nuevo efecto, lo que sentía como una cámara lenta de algo muy grande allá abajo, en las profundidades. Había una irritación, un nerviosismo por cosas inminentes que no podía precisar.

Información. A veces vale la pena señalar lo obvio. Me refiero al hecho de que el programa *Jeopardy!* había sido promocionado como una competencia entre el ser humano y la máquina, conocimiento *versus* conocimiento, cuando en realidad no era nada de eso, ya que el conocimiento no es solo la producción de un hecho, sino también la comprensión del contexto. Esto, en tal caso, fue lo que limitó a las dos personas, ya que ambas siguieron el camino tradicional de considerar sus respuestas como parte de una narrativa con sentido; a la vez que Watson, dejando de lado su seudopresencia encantadora, estaba procesando algoritmos de probabilidad a la velocidad de la luz. Mientras que los participantes humanos buscaban una respuesta, la máquina brindaba lo que en efecto era una solución numérica probabilística que tenía que ver con la pista solo en la medida en que su lenguaje brindaba el campo de variables a reducir. Por lo que, en realidad, se trataba de conocimiento frente a poder de cálculo crudo; ninguna competición.

El juego también demostró —y estoy seguro de que eso contribuyó a mi estado de ánimo— que no existía ninguna jerarquía de significado o valor entre estos fragmentos de datos distintos: todos eran iguales, números dentro de una ecuación, y escuchar a Watson decir algo como "¿Quién era Carlomagno?" con el mismo tono seudohumano con el que podría preguntar "¿Qué es el Alikal?" es sentir que toda distinción se reduce a una suerte de escombros mentales. No hay exaltación en ello —no que yo pueda ver—. Es destacable que el participante Ken Jennings, de quien podría haberse esperado que registrara la diferencia más marcada entre el ser humano y la máquina, propusiera lo contrario en un artículo que escribió para *Slate:* "Watson tiene mucho en común con un jugador humano bien posicionado de *Jeopardy!*: es muy inteligente, muy rápido, habla de una forma monótona irregular y nunca ha sentido el roce de una mujer". Pero bien pudo ser que simplemente actuara como un buen perdedor.

* * *

Considerando el promedio sobrehumano de Watson, fue muy instructivo (y un alivio momentáneo) presenciar desaciertos extraños e inesperados. Pequeñas lagunas que ofrecen la promesa (al menos, por ahora) de que no todos nuestros fraseos pueden analizarse sin errores, que trozos renegados de juegos de palabras aún pueden eludir el cerco (y, de hecho, esta inteligencia de procesamiento es muy similar a una de esas redes de arrastre que recogen todo lo que se mueve sobre el fondo marino mientras que los pescadores se sientan en los bares del muelle a llorar por la pérdida de su sustento inmemorial). Pero en vez de ser disparadores del ánimo, estos fallos técnicos y errores, finalmente no fueron más que prácticos identificadores de desperfectos —rápidamente se ocuparían de ellos los equipos de resolución de problemas, cuyos miembros aparecieron en intervalos del juego como bustos parlantes "informativos", tecnócratas, todos los cuales miraban la lente de la cámara con esa apariencia soporífera de convicción milenaria—.

El asunto de Watson es complejo en todos los niveles, pero se torna crítico por lo que podría llamarse la voluntad humana de proyectar. No soy psicólogo ni discutiré aquí las teorías de Freud o de Melanie Klein. La proyección en el sentido que yo pretendo no es necesariamente la externalización de los propios impulsos negativos, sino nuestra manera de trasponer de manera inconsciente nuestras necesidades y deseos sobre algo que está fuera de nosotros mismos y luego responder en consecuencia. Agitados, digamos, por la idea de valentía y abnegación, dotamos a nuestro atractivo y taciturno vecino de estas cualidades. No importa que sea un cobarde y haragán –lo precisamos para otros fines–. Entonces lo proyectamos en nuestros seres queridos, o posibles seres queridos, políticos, estrellas de cine; y podría decirse que hacemos lo mismo con las obras de arte, proyectamos en los personajes de novelas y películas, e interpretamos sucesos como significaciones. Este tipo de proyección no debe confundirse con la imaginación, que es consciente, una especie de creación. Imponemos estas cualidades sin saber que lo hacemos. Finalmente, y por desgracia –he aquí la triste verdad–, las proyecciones deben fracasar. El objeto no puede soportar lo que le hemos impuesto, el ídolo deja ver sus pies de barro y aparece la desilusión, que nos coloca cara a cara con la verdadera apariencia de las cosas, al menos hasta que podamos recuperarnos y volver a imbuirlas de lo que deseemos.

La proyección desempeñó un papel importante en el éxito de laboratorio de la iniciativa ELIZA, desarrollada en la década de 1960 por Joseph Weizenbaum, miembro del Massachusetts Institute of Technology. Weizenbaum diseñó un programa que pudiera simular una conversación terapéutica al generar un diálogo a partir de las enunciaciones del usuario. Tomo el siguiente ejemplo del ensayo de Brian Christian publicado en *Atlantic* sobre sus experiencias al realizar el test de Turing:

> *Usuario: Bueno, mi novio me hizo venir aquí.*
> *Eliza: Su novio la hizo venir aquí.*
> *Usuario: Dice que estoy deprimida la mayor parte del tiempo.*
> *Eliza: Lamento escuchar que está deprimida.*

Y así sucesivamente. Lo que resulta muy interesante es que, aun cuando se les dijo a los usuarios que estaban interactuando con una máquina, tal como Christian describe, muchos querían continuar, y se negaban a permitir que esa molestia menor truncara lo que para ellos era un diálogo genuino.

La proyección también desempeña un gran papel en el fenómeno Watson. Para comenzar, casi nos sentimos obligados a dar una apariencia antropomorfa al programa –y sus desarrolladores nos entrenaron para hacerlo–. Se le dio un nombre a la máquina procesadora y se la dotó de una voz que evitara los tonos de robots convencionales y sonara creíblemente real. No podemos dejar de pensar en que las respuestas dadas eran como provenientes de un inepto social, pero sin dudas un miembro superior de nuestra tribu. Mientras observaba el ícono del avatar, no dejaba de recordar la película protagonizada por Tom Hanks, *Náufrago*, y la sorpresiva aflicción que lo lleva a infundir una persuasiva vida compañera a una pelota gastada de vóley. Y luego, más recientemente, la liviana pero escalofriante *Her*, de Spike Jonze, el retrato apenas futurista de la creciente obsesión de un joven con la voz (e identidad) de un sistema operativo llamado Samantha.

La siguiente proyección relacionada nos tiene –al menos a mí– casi creyendo que la producción continua de respuestas correctas es sinónimo de inteligencia. Yo *sé*, por supuesto, que todo esto es producto de circuitos y procesadores paralelos, pero a pesar de saberlo, cuando Watson dice algo como: "¿Cuál es la obertura de *Guillermo Tell*?" o "¿quién fue Bárbara Stanwyck?", me encuentro a mí mismo haciendo una vinculación con la imagen icónica como si fuera una inteligencia integral que no solo posee estas respuestas, sino que las posee del mismo modo que nosotros: del contacto con la experiencia, de las diversas exposiciones en la vida de un ser humano. Es mucho más fácil, y más natural, hacer esa suposición reflexiva que aferrarse a los hechos del asunto: que estos son sonidos simulados emitidos por una entidad fabricada que *no tiene en absoluto* una comprensión relacional del significado de esos sonidos en secuencia, sin importar qué queramos decir por significado. Al hacer el amor con la muñeca inflable, perfectamente diseñada, se debe tener cuidado de no romper la tapa de la válvula.

¿Habrá sido este el motivo por el cual –disculpen el juego de palabras– me desinflé, sentí un tedio amargo e irritante luego de que el gran concurso terminara? ¿Habrá sido un derrumbe de mi proyección? Me halaga tener un poco de conciencia de mí mismo en este sentido; si bien reconocí la tentación antropomórfica, no le infundí dicha característica *realmente* a Watson. Probablemente, creo, estuve más desmoralizado al reconocer el poder de ese impulso inconsciente y al saber que una máquina por fin lo había logrado, había dominado los matices asombrosamente variopintos de la estructura lingüística lo suficiente como para aplastar a varios de los mejores de nosotros en nuestro propio juego. ¿No se supone que este sea nuestro prestigio: que somos el "animal del lenguaje"? Lamentablemente, si la barrera de las especies pudiera decirse que es cognitiva además de física, entonces sin dudas fue cruzada. Y mientras continúa la consolidación de que Watson no es más que la victoria de Turing —una victoria de simulación convincente—, ahora existe el fantasma de lo que vendrá: la infinidad de formas en que esta capacidad se pondrá en uso. Y, por supuesto, esos mismos bustos parlantes con mirada de milenials estaban allí para aclarar el punto. "Este es solo el primer paso...". "Nos encontramos al borde...". "Esta capacidad va a revolucionar cada área de la iniciativa humana...".

"¿Y qué hay de malo en *eso*?", dice mi irreprimible espíritu amigo, mi *alter ego* optimista. "Diagnósticos médicos instantáneos, resolución de problemas ecológicos, nuevos perfeccionamientos de la propia informática, ¿hay algo que quisieras que desaparezca?". A lo cual sencillamente debo responder, al menos como ciudadano liberal: "No, nada". ¿Quién de nosotros podría oponerse al brillante mañana? Nadie. (Aunque sí recuerdo la maravillosa cita del novelista austríaco Robert Musil: "El progreso sería maravilloso, si tan solo se detuviera".) Pienso en el futuro en el que vivirán mis hijos y sus hijos, y siento una gran presión social por venerar a Watson y a su inminente clase.

Pero qué extraño. Justo ahora, cuando respaldo los estímulos del sentido común y comienzo a expresar gratitud, percibo que esa entidad concentrada y sombría gira y gira, y mientras intento mantenerme enfocado en las posibilidades utópicas del conocimiento y las comunicaciones, que me cuelguen si no se despega del simbólico fondo marino como una vieja embarcación sumergida, con los mástiles rotos y el casco destruido, y comienza a elevarse. Aquí está, por fin: lo no hablado, lo no reconocido, lo reprimido. Y siento un escalofrío en mi interior a medida que la cosa comienza a balancearse hacia arriba, hacia la luz, lenta y ominosamente, bloqueando en forma gradual todo lo que está en mi campo de visión, levantando su colosal burbuja de aire reprimida hasta que, de pronto, revienta.

¿Por qué estaba tan desanimado, desinflado, deprimido? ¿Por qué? Porque estaba aburrido. ¡ABURRIDO! Aquí está, la verdad, mi propia versión del "amor que no se atreve a decir su nombre", de lord Alfred Douglas, excepto que esto no es amor y yo siento la necesidad de pronunciarlo. Watson, *Jeopardy!*, los lustrosos ex campeones en sus podios, el falso desconcierto de Alex Trebek[1], la nítida voz en *off* y el detrás de la escena del *tour* que emprendió el coloso informático, los sonrientes integrantes de los equipos de desarrollo, las risas nerviosas y por lo bajo del público cada vez que Watson anunciaba una de sus apuestas excéntricas y calculadas ("Apostaré 817 dólares, Alex"), las frágiles fachadas contrincantes de Jennings y Rutter, aun cuando estaba claro que los estaban dirigiendo, el hecho de que todo esto fuera una especie de infomercial exagerado para la próxima ola de nuestras vidas; lo que quería gritar desde algún megáfono enorme era que todo era aburrido. Increíblemente aburrido, no solo por su predecible y guionada pompa, repleto de comerciales y cumplidos obligados, sino —lo que es mucho peor— por la onda expansiva de sus consecuencias. Porque, con la certeza de que giramos alrededor del Sol, Watson impulsará la ola de su eficiente vacuidad en todas las direcciones y entregará, en su caso, no el futuro dorado que claman los tecnócratas, sino una competencia anodina y recubierta de laboratorio, el simulacro más deprimente de vida carente de alma.

Mi punto, para nada sutil, es que en nuestro impulso aparentemente irresistible de seguir a la máquina y las posibilidades de innovación tecnológica hacia donde puedan llevarnos —velocidades, compresiones,

---

1 Presentador del programa *Jeopardy!*. (N. de la T.)

eficiencias cada vez mayores–, hemos perdido de vista, y con mucha rapidez, el objetivo de las cosas. Bajo un bombardeo constante del despliegue digital y la reluciente promoción de productos, por no mencionar los informes periodísticos sobre dónde se encuentran los trabajos, hemos comenzado a creer que en realidad el juego *es* sobre el progreso, sobre más y mejor, lo conocido que vence a lo desconocido; y en el proceso nos hemos distanciado no tan gradualmente de nuestra creencia en la exploración de todas las facetas de la vida, en especial de aquellas que no pueden extrapolarse a partir de dígitos.

Todo el gran sistema se ve afectado. Nuestras universidades, en cuestión de décadas se han convertido en centros de acreditación, esclusas de carreras profesionales. El estudio serio de cualquier cosa fuera de la red –filosofía, literatura, arte– se ha vuelto una broma. La transformación es profunda, y una generación entera de jóvenes talentosos y creativos está sufriendo el desasosiego de su futuro, preocupándose por su viabilidad. ¿Qué será de mí, cómo sobreviviré? ¿Qué haré si no deseo ocupar ningún lugar en el imperio tecnológico, en la medicina, las comunicaciones, la ingeniería? Estamos perdiendo lo que nuestros ignorantes antepasados, que vivieron en un mundo aún no comprometido con la eficiencia racionalizada, tenían como derecho de nacimiento. El misterio infinito de las cosas, la posibilidad de la experiencia. Al mirar *Jeopardy!* la otra noche, tuve la intuición paralizante de cuánto de nuestras vidas ya habíamos tercerizado en sistemas, y vi, no por primera vez, pero con una claridad aterradora, la esterilizada vacuidad con la que nos estamos envolviendo a nosotros mismos. Que no se presenta como vacuidad, por supuesto, sino como *más* y *mejor*, y el paquete entero es tan seductoramente autogratificante, tan completo, que me sorprende siquiera haber tenido un momento de visión opuesta. Estoy tan insertado como la persona que tengo al lado. A pesar de mi escepticismo de larga data, yo también me siento influenciado por el poder que hemos puesto entre nosotros. De ninguna manera soy inmune a la propaganda de sus publicistas; tengo mis propias reservas de voluntad proyectiva.

Pero este concurso de tres días me hizo volver a la realidad. Me di cuenta de que *no* estoy listo para asentir. Me resisto a la idea de que las máquinas administrarán no solo casi todos los negocios físicos de nuestras vidas —ya lo hacen—, sino también el lado cognitivo de las cosas. No compro el credo optimista de que mientras tengamos las herramientas de control, seguimos siendo los dominantes, de que los programas llevarán el peso del saber mientras que nosotros los ejecutemos. Existen aquellos —muchos— que ven esto como el mejor de todos los mundos. Y quizás lo sería si luego realmente pudiéramos lidiar con otros asuntos, los más existenciales, perseguir exploraciones artísticas fantásticas y tener esos diálogos conmovedores que, cuando ocurren, parecen el motivo esencial por el cual vivimos. Pero involucrarse en tales exploraciones requiere inmensos recursos internos, y para tener nuestros intercambios conmovedores, debemos tener alma. ¿En dónde, si no es a través de las incesantes abrasiones de lo desconocido, en nuestras respuestas al misterio y la incertidumbre, encontraremos ese alma, o al menos los materiales internos que necesitamos? No sé. Es casi como si para entender nuestras vidas de esta manera tuviésemos que renunciar a la premisa de este tipo de saber, de ese control. Como dijo el agricultor del viejo chiste: "No puedes llegar allí desde aquí"[2]. No puedes llegar de la sabiduría o maestría al misterio, aunque solo se deban reacomodar y agregar unas pocas letras[3]. Porque cuando las condiciones de tal sabiduría sean todas externas, entendidas como una manipulación de datos, lo contrario a un conocimiento adquirido, estaremos condenados a sentir, como sentí la noche pasada frente al televisor, la succión de todo lo que hemos perdido de nuestras vidas, que todos los algoritmos de procesamiento del planeta no pueden compensar.

---

2   El autor hace referencia a un chiste irlandés en el que un transeúnte pregunta a un granjero cómo llegar a Dublín. Luego de pensarlo unos minutos, el agricultor responde: "Mmm, si parte desde aquí no tiene modo de llegar". (N. de la T.)

3   Juego de palabras entre "maestría" y "misterio" (figuras de dicción o metaplasmos). (N. de la T.)

Hace un tiempo encontré una columna en la revista del *New York Times* titulada "Mis hijos están obsesionados con la tecnología y es todo por mi culpa". El título capturó mi atención de inmediato. Adoro leer sobre la tecnoculpa de otros y esperaba obtener una buena dosis sin adulterar. Pero, claro, las cosas nunca son tan sencillas.

El escritor Steve Almond comienza su artículo con la descripción de cómo había conocido un programa piloto pronto a lanzarse en la escuela primaria de su hijo. El comité educativo decidió que cada niño y niña fuera provisto de su propio iPad. La promesa del futuro llegaba como un rayo, se volvía real. Almond quedó absorto. "No sólo nuestros hijos iban a amar aprender", afirma, parodiando un eslogan publicitario, "sino que también lo harían a la vanguardia de la innovación". El autor nota que hay un gran alboroto en la comunidad por la iniciativa y arroja el anzuelo: "¿Por qué yo estaba colmado de pavor?".

Instintivamente receloso como soy de casi cualquier panacea tecnológica, no hice más que parpadear. La formación de almas entregada a dispositivos programados; ¿qué otra cosa *podría* sentir un cuerpo más que pavor? Pero luego, ascético como es, nuestro autor dio otro giro. "No es porque sea un ludita rezongón", reniega. "Lo juro."[1]

---

[1] A raíz de la palabra inglesa, en la actualidad es sinónimo de una persona *tecnófoba*, que rechaza la tecnología. (N. de la T.)

Esa línea me hizo detener. Clavé la mirada allí. "No es porque sea un ludita rezongón. Lo juro." Me di cuenta al instante de que había dos formas en que el lector pudiera interpretar esa frase. Una: *no es por el hecho de ser un ludita rezongón, aunque claro que lo soy.* La otra: *que yo reaccione así no implica que sea un ludita rezongón.* Yo asumí automáticamente la última. Nuestra cultura enceguecida por el progreso se burla del ludismo con tanta automaticidad que incluso un supuesto inconformista como Almond querría resistirse a la etiqueta, al margen de la cantidad astronómica de puntos en contra que le significaría.

La psicología subtextual del asunto es fascinante. Para empezar, existe la suposición de que, si se cuestiona la introducción al por mayor de tal tecnología en un aula escolar, los demás pensarán que se es eso: un ludita. Y luego, por supuesto —subrayada por la inmediatez del autodistanciamiento de Almond—, está la sensación de toxicidad de la etiqueta. Ludita, abrazador de árboles, dinosaurio... Finalmente, tenemos lo que supone el adosamiento del adjetivo *rezongón*, como si fuera *la* unión natural, lo contrario a *de espíritu libre* o *de mentalidad independiente.* Aunque Almond no está proponiendo el modificador aquí, sino más bien asintiendo al estereotipo. Ludita rezongón, institutriz frígida, abogado duro... Así es como tipificamos y disimuladamente se moldean nuestros prejuicios.

Lo que me resulta interesante de esta parte del artículo de Almond, sin embargo, es la tensión que percibo. El escritor *sí* admite sentir pavor, incluso cuando se apresura a distanciarse de la congregación de Ludd. ¿De dónde nace el pavor? Claramente, está perturbado "porque un producto de una determinada marca sea elevado al estado de suministro escolar obligatorio". Esto es lógico —cualquier coerción o confabulación empresarial es sospechosa—. Pero Almond también tiene otras preocupaciones: "A mí (...) me preocupa que los iPad puedan transformar el aula de un ambiente social a un vagón de subterráneo educativo, con cada estudiante obsesionado con su dispositivo educativo personalizado". El tema merece cierto debate serio: ¿cuál *debe* ser el proceso, el contexto humano, de aprendizaje? Luego –y estas causas de su pavor son enumeradas rápidamente– está lo que Almond denomina "una queja más fundamental"; es decir, que "el sistema educativo, sin quererlo, está subvirtiendo mi paternidad, en especial, mis esfuerzos intermitentes por regular la exposición a las pantallas". ¿En qué medida puede, o debe, un padre o una madre controlar la influencia de las tecnologías que con gran rapidez están convirtiéndose en omnipresentes?

El hombre nos ha dado aquí un listado de preocupaciones, y cada una tiene ramificaciones de gran alcance: la incursión del marketing en el proceso educativo, la posible subversión del intercambio humano que ha sido la base de la pedagogía desde la época de Sócrates y el cortocircuito institucional del poder paterno por contener la exposición de sus hijos a las pantallas, con la pregunta implícita de si dicha exposición es realmente saludable. No se trata de preocupaciones pasajeras o casuales. Son fundamentales. De hecho, nos traen cerca del núcleo de lo que Martin Heidegger denominó "la cuestión sobre la tecnología", que realmente se trata del lugar último del ser humano. Bajo esta luz más seria, la jugada para desarmar la visión opuesta con la ridícula frase "ludita rezongón" pareciera más bien evasiva.

El artículo es, sin dudas, una página de opinión en una revista, no un alegato razonado. Pero su negociación de suposiciones y actitudes trata justo sobre algunas de las cuestiones fundamentales de la transformación social en manos de los medios digitales. E ilustra, con una inmediatez muy personal, cómo cada decisión –o acto de resistencia– es opacado por las consecuencias. Para aclarar sus esfuerzos por regular la actividad de sus hijos frente a las pantallas, Almond confiesa haber tenido lo que denomina su propia "historia tortuosa como pionero digital" y, luego, "la guerra, que aún me enfurece, entre aprovechar los deslumbrantes dones de la tecnología y luchar por conservar los placeres más lentos y menos convenientes del mundo analógico". Esto, postula, es un "cálculo generacional".

Destaco las siguientes palabras y frases reveladoras: *pionero digital, guerra, aprovechar, deslumbrantes dones, conservar, placeres más lentos y menos convenientes, analógico...* ¡tanto subtexto y metáfora! En una sola oración, encontramos el idioma de la exploración futurista, de la batalla, de la conservación. Y *todas* son relevantes. Asimismo, los "deslumbrantes dones" de la tecnología se compensan con los "placeres más lentos y menos convenientes" del viejo orden analógico: lo carente de fricción *versus* lo resistente; la velocidad *versus* la lentitud.

Almond explica que él mismo no posee televisión, aunque se apresura a decirnos que esto se debe menos a cualquier moralismo intrínseco que a un autoconocimiento básico: si tuviera un televisor, dice, lo miraría constantemente. Allá por los setenta, en su juventud libertina, confiesa, él y sus hermanos eran adictos no solo a la televisión, sino también a los videojuegos; recién al promediar los veinte años de edad comenzó a leer y escribir. Almond declara conocer tanto las seducciones de un mundo como los valores del otro. Y se explaya, al decir que ha "pasado las últimas dos décadas luchando por resistirse a las infinitas tentaciones pixeladas que buscan capturar y monetizar cada segundo libre de atención humana". Y, sin embargo —de alguna manera se libró del yugo—, *no es un ludita rezongón.* Aunque, si analizo sus puntos uno detrás del otro, me pregunto por qué no lo es.

Ludita... Debería andar con cuidado aquí. ¿Qué *es* un ludita? La palabra es problemática. Se dice que el Ned Ludd real, un hombre inglés del siglo XVIII del cual el "movimiento" tomó su nombre, una vez destruyó varios telares como un gesto de protesta contra la amenaza que representaba la mecanización para los trabajos manuales. Cuando los antindustrialistas destructores de telares luego se organizaron en torno a su causa a principios de 1800, se autodenominaron luditas de una peculiar manera conmemorativa. Ludd gozaba de una reputación de mito folclórico, al estilo de Robin Hood. La referencia se ha vuelto más aproximada desde entonces. El ludismo ahora poco tiene que ver con la destrucción voluntaria de bienes o incluso con protestas; es más bien una designación genérica para cualquiera que se oponga o quizás cuestione la santidad de la idea de progreso tecnológico, a menudo con especial referencia a las computadoras.

Asumamos la enormidad de ese espectro. En realidad es demasiado vasto como para permitir que tanto los "opositores" decididos como los que tienen dudas, miedos o cuestionamientos sean considerados de manera conjunta. Mi idea —obtenida de mi lectura espontánea de la gente que conozco y de debates a los que he asistido, secciones de preguntas y respuestas, etc.— es que la mayoría de nosotros, incluso los que estamos activamente inmersos en la vida digital, tenemos cosas que nos preocupan, creemos haber ido demasiado lejos o que debemos ser monitoreados de cerca. No somos una nación de seguidores sometidos; a nuestra manera, todos estamos intentando encontrar el camino adecuado para vivir con estos dispositivos *y* adaptarnos a los cambios a veces perturbadores que conllevan.

Almond ciertamente es un cuestionador. Al preguntarle si su esfuerzo por resistir ha sido exitoso, admite que no lo ha sido; no mucho, de cualquier manera. Tanto él como su esposa, también escritora, pasan gran parte del día mirando las pantallas de sus computadoras, y sus hijos "no solo advierten estas tensas dinámicas, sino que las recrean". Si bien su tiempo autorizado frente a las pantallas está restringido, encuentran mil maneras de "conseguir más". Las tentaciones —y opciones— obviamente solo se han multiplicado a medida que se adentran en un mundo cada vez más "saturado por la tecnología".

El autor nos recuerda que no siempre fue así. "Allá en los días en que mis padres apagaban el televisor y nos exhortaban a tomar un libro o salir a jugar, lo hacían con cierta credibilidad cultural. Todos sabíamos que no podíamos experimentar el 'mundo real' sentados frente a una pantalla. Era un escape. Hoy, las pantallas son el mundo real, o al menos el modo aceptado de hacernos sentir parte de ese mundo". Esta me parece una observación especialmente perturbadora: el hecho de que el cambio de realidad que se percibe, la cultura modificada, haya socavado por completo ese anterior poder de exhortación, de que el llamado mundo real se haya evaporado, virtualizado.

"Aun así", se lamenta, "no puedo ser el único padre que siente como si recibiera latigazos por el ritmo de los cambios tecnológicos, por la manera en que cada maravilla concebible –(…) la belleza y sabiduría ensambladas de la época– ha migrado hacia dentro de nuestras máquinas portátiles. ¿Realmente es posible entregarles a los niños estos dispositivos mágicos sin estar de alguna manera atenuando su sentido de maravillarse por el mundo más allá de la pantalla?".

Aquí nos encontramos en el verdadero centro de la oscuridad –y esa es una de las preguntas más preocupantes. Sencillamente, ¿los estímulos de pantallas procesadas tienen un efecto deteriorante en la interacción de un niño –o de cualquiera– con el mundo inmediato? *¿Existe* acaso ese mundo aún por encontrar? ¿Y estas fabulosas ganancias de acceso y facilidad realmente son otorgadas sin un sacrificio compensatorio? No puede ignorarse la lógica de la dinámica ganar/perder. Pero luego debemos preguntarnos: ¿cuál ha sido la bendición de los obstáculos y la fricción? En términos prácticos, ninguna. Pero a nivel psicológico, esa podría ser otra historia.

Generaciones enteras fueron educadas bajo el principio de que la lucha –de cualquier tipo– forjaba el carácter; de que lo asequible y el deseo se daban en una relación inversa, de que –quizás exageradamente– lo que no te mata te fortalece. Una cosa es trabajar estos interrogantes sobre pérdidas y ganancias con respecto a la propia vida, y otra –más intensa, diría– es hacerlo con respecto a la de los hijos. Incluso intentarlo requiere que desarrollemos figuraciones elaboradas del sinnúmero de escenarios de realidades posibles, y que adivinemos qué características y atributos de la personalidad pueden ser más deseables para cada uno. Si, de hecho, *estamos* dirigidos hacia un futuro en el que la tecnocompetencia es el último as, la clave para avanzar y obtener seguridad, entonces, ¿no sería mejor para nuestros hijos que los incentiváramos en cada inmersión? Pero si lo hacemos, ¿qué imagen de significados, valores, objetivos les estamos dando? Por último, nos preguntamos —tal como deberíamos, creo—: ¿cuál *es* el sentido de la vida?

Este tipo de interrogaciones está muy presente en la cabeza de Almond. Al ver un video de YouTube de una beba de nueve meses con un iPad, en el que se describe su cara refulgente, "sobrepasada de elecciones y estímulos", Almond no podría dejar de considerar dichas preguntas. Se pregunta de qué manera su joven y maleable cerebro será moldeado por su poder sobre este universo de dos dimensiones, y si luego "luchará por enfrentarse a las frustraciones y los misterios necesarios del mundo real". Ese *mundo real* no va a desaparecer. Aun así, mientras lo escribo, me encuentro tomando medidas preventivas en caso de que lo real en sí mismo también pudiera cambiar con el tiempo.

Una y otra vez, percibimos que la inteligencia escéptica de Almond se confronta con su sabiduría adquirida. Aunque la mayoría de la gente, escribe, ve estos dispositivos como "caminos relativamente inocuos hacia una mayor eficiencia y conectividad", él mismo se mantiene "escéptico". Conoce su potencial adictivo arrasador. También cree conocer por qué nos pegamos a nuestros teléfonos inteligentes del modo en que lo hacemos: por los golpes de estímulo que ofrecen, por una sensación de poder. "El motivo por el cual la gente acude a las pantallas no ha cambiado mucho con los años. Continúan siendo espejos que reflejan a una especie en retirada de las cargas de la conciencia moderna, del aburrimiento, el aislamiento y la indefensión."

Y aquí termino. Me parece que Almond, a pesar de no ser un "ludita", ha brindado una serie de repreguntas condensadas sobre nuestra manera de vivir cada vez más digitalizada y centrada en la pantalla que cualquier tecnoescéptico podría respaldar.

Quiero resistirme a las imágenes caricaturescas de los cuestionadores e insumisos y tratar de pensar, en su lugar, a través de los ojos —y de las preocupaciones comprensibles— de todos los que ocupamos las partes medias del extenso espectro que invoqué antes. No puedo creer que la mayoría de nosotros no nos indignemos cuando nos damos cuenta de que no necesariamente nos convence el *ethos* con su alegre discurso publicitario sobre el "progreso", cuando admitimos que la completa reingeniería de nuestras vidas podría tener tanto inconvenientes como ventajas. ¿Cómo podría no ser cierto? El sentido común existe. Entonces, ¿por qué es tan difícil para muchos de nosotros expresar disenso, por no mencionar dar el paso más desafiante de verdaderamente refrenar ciertos usos? La respuesta tiene íntima relación con el poder del nuevo *statu quo*.

La última es una pregunta provocativa y compleja, ya que hay una cantidad de fuerzas sociales y culturales que trabajan en combinación. Para empezar, nos enfrentamos a una persuasión incesante y omnipresente de los medios, financiados por cuantiosos recursos corporativos. Segundo a segundo las publicidades emiten la deseabilidad casi erótica de este o aquel dispositivo o aplicación. Los medios son la herramienta de ventas, y los dispositivos de los medios son, con frecuencia, las cosas vendidas. Vivimos rodeados de los medios, casi *desde el punto de vista de los medios —en la carrera de los medios—*, y los medios se promocionan ante nosotros todo el día. Irónica o seriamente, tonta o adorablemente, según sea necesario, dirigiéndose a cada apetito y deseo que tengamos, los expertos en marketing nos han sacado la ficha, hace tiempo que burlaron todas nuestras defensas.

Comprenden, por un lado, nuestro miedo básico de quedarnos atrás —lo crearon en nosotros y ahora es general en toda la cultura—. No me refiero a la mera preocupación superficial respecto de estar fuera de moda —aunque claro que eso también opera—, sino al miedo más profundo de quedarse atrás a nivel económico. Como nuestra sociedad se reinventa a sí misma tecnológicamente, es inevitable que los rezagados se perciban como quienes deben pagar el precio, volviéndose cada vez menos aptos para el empleo, negadores estupefactos en los márgenes extremos de los sistemas que ahora manejan la economía. La suma de ambos miedos es un incentivo poderoso. ¿Quién quiere sentirse obsoleto, fuera de alcance, invisible? Como dice el eslogan: "Estamos en contacto, para que estés en contacto".

La revolución digital, si no fue originada por la juventud, *es* certificada por ella. ¿Quién duda de que cuanto más joven, más hábil para lo tecnológico se es, más interconectado se está? Seguro, abuelita ahora envía correos electrónicos, entrecerrando los ojos y tipeando con cuidado, y su hija de mediana edad es una entendida moderada de las pantallas, los correos electrónicos y las búsquedas en Google, y también se abre paso en las redes sociales, pero la nieta, que estuvo rodeada por aparatos digitales desde que nació, ahora usa su computadora portátil solo a veces, pero nunca está a más de un metro de su teléfono inteligente y pasa la mitad del tiempo que está despierta enviando mensajes, fotos e interactuando con el celular de maneras que sus mayores ni siquiera pueden imaginar. Estas atribuciones generacionales son, lo admito, aproximadas y anticuadas. Las tecnologías digitales han redefinido, al menos en ciertos aspectos, todas las categorías anteriores. Los hermanos con apenas años de diferencia utilizan sus medios de comunicación en formas radicalmente diferentes y con fines distintos. Entre dispositivos y aplicaciones, las alternativas de elección son abrumadoras. Imaginemos, entonces, cómo se percibe el estatus social y la inviabilidad cultural de la persona que apenas ha mantenido el ritmo. Nuestros compromisos digitales hoy representan nuestros signos vitales sociales y culturales.

Estas nuevas tecnologías y comportamientos tienen una manera de instalarse casi invisible. Si bien de alguna manera lo opuesto también ha sido históricamente cierto —la naturaleza humana es conservadora y recelosa de lo desconocido—, en este terreno parecen sorprendernos muy pocas cosas. Es como si ahora estuviéramos esperando que siempre aparezca algo nuevo —un teléfono más inteligente, nuevas "apps". Las mejores mentes de esta generación ya no sucumben ante la locura de la generación *beat*: están ocupadas ideando nuevos usos para esta potencia que lo está cambiando todo. Ya estamos en camino, con grandes velas desplegadas, y no hay posibilidad de volver a la orilla cada vez más alejada de lo "anterior". Ese viejo mundo —tan familiar para muchos de nosotros durante tanto tiempo— parece increíblemente lento y engorroso cuando lo observamos en películas o fotografías, y nuestra inevitable respuesta es maravillarnos. ¿Cómo funcionábamos? ¿De verdad nosotros, o incluso nuestros padres, se paraban frente a cabinas telefónicas, colocaban embrollados discos de vinilo en tocadiscos giratorios, insertaban hojas de papel en grandes máquinas de escribir?

* * *

Pero volvamos a los luditas rezongones, los patrocinadores imaginarios de las diversas preocupaciones tecnológicas de Almond. Yo sigo preguntándome si la caricatura de todo esto no está de alguna manera impidiendo uno de los debates más importantes de nuestro tiempo, o al menos inhibiendo las respuestas de muchos de nosotros que nos hemos encontrado enredados, pero que también estamos angustiados y escépticos. El temor es ser considerado anticuado, reacio, tonto, nostálgico, lo que sea. La trascendencia de nuestro giro de lo mecánico a lo digital debe considerarse de la manera más profunda, no simplemente a través de publicaciones de *digeratos*. Debe ser analizado por todos los que estamos involucrados, no solo en términos del mercado cultural o de los comportamientos alterados que crea, sino también a nivel psicológico y, si se me permite utilizar las palabras de la vieja escuela, metafísica y espiritualmente. Esto no puede ocurrir, no de forma natural, si todo el escepticismo enseguida es etiquetado como algo estrafalario de lo cual mofarse.

Pero ¿por dónde empezamos? La nueva tecnología entretiene, seduce y crea círculos hipnóticos con tanta facilidad que se resiste a la aprehensión. Aunque hablo de una "cosa", como si pudiéramos ponderarla de una manera aislada, de hecho se trata de un campo de procesos basados en señales, una atmósfera que lo impregna todo. Y luego debemos reflexionar sobre el asunto de nuestra propia maleabilidad fundamental. No somos una entidad inamovible. La neurociencia está recalculando día a día el alcance de nuestra "plasticidad" y lo complejo de los procesos sinápticos por los cuales se están logrando nuestras reconexiones. El cerebro no necesita generaciones, o incluso décadas, para dictar modificaciones estructurales. Los nuevos comportamientos ejercen influencias inmediatas y las repeticiones crean nuevos caminos. Los efectos a largo plazo de adaptaciones a corto plazo y las reconfiguraciones neuronales, aún desconocidas, determinarán muchísimo nuestro futuro colectivo.

Las consecuencias de estas transformaciones son inmensas, y muy reales. Nuestras adaptaciones neuronales y psicológicas parecen estar siguiendo el ritmo de la expansión digital. Lo que no comprendo —dada nuestra susceptibilidad neuronal y el hecho de que nosotros *desconocemos el alcance de las consecuencias*— es por qué, tal como expresa Almond, "la mayoría de las personas ven a sus dispositivos como caminos relativamente inocuos hacia una mayor eficiencia y conectividad". ¿Acaso también hemos perdido nuestra comprensión colectiva de la causalidad? Cuando los padres de Almond apagaban la tele y le decían que tomase un libro o que saliera a tomar aire fresco estaban condenando la pasividad ociosa y lo hacían con "cierta credibilidad cultural". Hay poca credibilidad de ese estilo actualmente. De nuevo, ¿qué pasó? ¿Cuándo fue establecido que la generación de los padres estaba errada en sus suposiciones? La contracultura de los sesenta hizo su parte (*mea culpa*), pero esa no puede haber sido la fuerza determinante. ¿Será que hemos ido admitiendo gradualmente la indispensabilidad —y la *autoridad* fundamental— del nuevo paquete reluciente, como si dijéramos que este nivel de eficiencia inteligente no puede estar equivocado? ¿Algo de todo esto tendrá relación con la propia negación de Almond: que él no es ningún "ludita rezongón"?

Para rastrear las preguntas como se debe, necesitamos un nuevo marco lingüístico y una variedad de posturas que puedan albergar a los utópicos digitales, cuestionadores y escépticos, así como a los críticos. Debemos recordar que cuando hablamos de tecnología y estas diversas consecuencias, también estamos hablando acerca de nuestra relación con el verdadero mundo "atomizado" –que no desaparecerá, se alterará, será mediado ni será minimizado como podría ocurrir con nosotros–. Si bien el sentido de la realidad de su presencia física parece haber disminuido, nunca pasará a *no* ser el cimiento de nuestro ser–. Aun si estuviéramos durante décadas cargándonos a nosotros mismos en formatos siliconados, preservándonos a nosotros mismos en algún formato nuevo –en alguna nueva "plataforma"–, continuamos hablando de silicona, una esencia material. Cualquier cosa que cambie nuestra relación con nuestro "cimiento" nos cambia –en cuerpo, psiquis y alma–. Si ser un ludita significa negarse a avalar, sin cuestionarlo, todo lo que pasa por ser progreso, entonces, ¿dónde firmo?

André Kertész y la lectura

El poeta Fred Marchant fue quien me envió hace algunos años un pequeño libro de fotografías de André Kertész titulado, simplemente, *On Reading*. Recuerdo que no me senté a leerlo de inmediato, sino que realicé ese viejo ritual infantil de apartarlo y así tener dos placeres: la anticipación y su lectura. Había sido fanático de la obra de Kertész durante muchos años. Un libro de sus fotografías de París había constituido una suerte de máquina de sueños para mí en la facultad, cuando aún embellecía mis fantasías de la vida escritora con imágenes románticas. Solía ojear el libro de Kertész –llamado *J'aime Paris*– una y otra vez, y sentía que lo único que faltaba en esas imágenes era yo. Y aquí estaba él nuevamente, Kertész, tentándome con otro tipo de ilusión: personas capturadas en momentos de la caída libre más íntima que pueda existir.

Pero no eran caídas libres a través de la atmósfera exterior –que para muchos de nosotros son el símbolo de la libertad última–, sino a través de escapes internos, que, por defecto, tampoco están mal. Imágenes de personas leyendo, toda una serie de ellas, en un ángulo muy particular de esta actividad absolutamente misteriosa e irresistible.

Apenas comienzo a contemplar el contenido, me topo con la paradoja de que la fotografía es un arte dedicado a superficies exteriores, mientras que la lectura (la silenciosa, al menos) es una actividad que se desarrolla en pura introspección. Y no solo se desarrolla en introspección, sino que *despierta* introspección, crea contenido en el espacio figurado que la mente hace posible. Lo interior contiene lo exterior. Me resulta mucho más sencillo imaginarme leyendo un texto que explique la fotografía que mirando una fotografía que explique la lectura. Las imágenes de Kertész, sin embargo, proponen un campo entero de sugerencias y crean una pantalla inmensa para nuestras proyecciones. Luego volveré sobre esto.

Hay otras dos paradojas sorprendentes que encuentro al contemplar la obra del artista y ambas van directamente al centro de la cuestión: "¿Qué es leer?". En primer lugar, del mismo modo en que existe una absoluta oposición entre la exterioridad de la imagen y la introspección del texto, también encuentro una polaridad entre la necesaria quietud del sujeto capturado —el acto de lectura está caracterizado por su esencial inmovilidad (los ojos se mueven de un lado al otro, los dedos dan vuelta las hojas con periodicidad)— y su propiedad distintiva que pasa inadvertida, que es el dinamismo más concentrado. Ya sea que el lector esté inmerso en una trama extenuante o en una sinopsis de legislación bizantina, la actividad mental está focalizada y ocupa toda la atención; de ninguna manera está representado por el aspecto externo de la persona. Nada describe tan vívidamente la separación entre lo corporal y mental como la imagen de un lector concentrado.

La otra paradoja tiene que ver con la perspectiva —aquella del lector *versus* la del observador—. Por muchísimo tiempo me cautivó la idea de que había algo "apagado" en estas representaciones del lector o la lectora capturada *in situ*, inmerso o inmersa completamente en el libro que está sosteniendo. Luego lo comprendí. Me di cuenta de que, dada la naturaleza básica del acto, el lector o la lectora involucrada nunca son conscientes del escenario; solo la persona que contempla la imagen lo es. Esto no es cierto en el caso de quien come, bebe, sueña despierto de manera solitaria; todas y todos en cierto grado son conscientes de su alrededor. Pero al nivel en que el lector lee, esa conciencia se ha desvanecido. De esta manera, también, la presentación "objetiva" de la imagen tergiversa el acontecimiento que enmarca.

Pero, un momento. Tergiversación parece un veredicto muy duro para emitir sobre el arte. Además, confunde el poder y la insinuación que Kertész ha logrado en estas fotografías. Más bien, yo diría que, como artista claramente consciente del poder del acto, crea sus imágenes *a través de* una conciencia de estas mismas paradojas centrales. Comprende que son lo que crean el misterio de la representación.

Desconozco si la disposición de las fotografías en el libro estuvo a cargo de Kertész o de sus editores. ¿Habrá sido su decisión que apareciera en la tapa la captura de una anciana canosa sentada en la cama, con las cortinas extendidas y lo que pareciera ser una tetera de plata sobre una pequeña mesa delante de la cama? La cabeza de la mujer –que tiene una especie de sombrero, quizás un chal que le cubre parte del cabello– está centrada, enmarcada y también respaldada por los dobleces complejos de la cortina blanca que bajan desde el techo de la gran cama, dobleces que se parecen a las páginas de un libro vistas desde el interior. ¿Esto también habrá sido el pensamiento de Kertész?

El objetivo de esta foto –como el de todas las de la obra– es capturar la intensidad y el ensimismamiento de una persona con un libro. Esto se presenta al observador como absoluto. La persona de la tapa es vista de perfil. La mujer sostiene el libro en un ángulo de cuarenta y cinco grados, a menos de medio metro de su rostro. Toda la situación, el campo de acción, está en el intervalo, que se siente completamente cargado. Por supuesto, eso es en mi imaginación. La película fotográfica sensible a la luz no puede captar la concentración humana, solo los gestos y las expresiones propias de ella. Tampoco tenemos idea de qué está leyendo la señora –podría tratarse del parloteo más trivial jamás visto encuadernado entre tapas, o de la Biblia–. Quizás no sea importante a los fines de la foto y lo único relevante sea la sensación de que todo, incluidas las crueldades de la vejez, fue superado por ese momento, desplazado por la inmersión de la mente en los símbolos.

La que yo rescato como la verdadera fotografía inaugural —la opuesta a la página de los derechos de autor— es una de las dos únicas del libro que carece de sujeto humano. Allí solo hay un volumen abierto sobre una mesa, junto a una ventana con cortinas. Afuera, a través de la tela transparente, vemos un árbol con sus ramas y hojas. Al lado del libro hay una canasta que tiene la doble función de nido, al contener un pájaro esculpido que está posicionado, según vemos, de manera tal que el pequeño pico del ave apunta a la página que está casi frente a él. ¿Una broma de Kertész? No lo sé. Pero qué prólogo perfecto. ¿Hay algo más misterioso y más sugestivo que la vista de un libro abierto? Su interior desconocido insinúa miles de posibilidades —esas páginas podrían contener cualquier cosa—. El observador es invitado a más. El libro abierto es una puerta de entrada. Pase. Pero el hecho de que esté abierta sobre la mesa deja en claro que un proceso, un compromiso, está desarrollándose y ha sido interrumpido. Después de todo, no es un volumen sobre una repisa con su interior oculto. Las palabras de sus páginas están silenciadas, es cierto, pero solo momentáneamente. Están al borde de dar a conocer sus significados, esperando el regreso del lector, el cierre del circuito.

Al dar vuelta las páginas, encuentro la dulce imagen de una niña con un libro abierto sobre su regazo. A su lado, colocada sobre una mecedora de madera, hay una gran muñeca; en el piso hay otra. Kertész ha incluido en esta colección una cantidad de fotos de niños leyendo, y muchas son evocadoras de modos similares. Es decir, evocan lo que para muchos es uno de nuestros recuerdos más preciados —no de este o aquel libro, sino de la potencia incomparable que tenía la lectura cuando aún no había sido invadida por los asuntos y preocupaciones de la adultez—. La lectura en sí misma continúa, por supuesto, pero esa intensidad de concentración disminuye. Sin dudas, eso ocurrió en mi caso. En algún momento de mi adolescencia perdí la capacidad de transportarme por completo; sentí el primer debilitamiento. ¿Será que el mundo compite con mayor agresividad en busca de nuestra atención, o que la psiquis lectora —la capacidad de proyección imaginativa— en sí misma cambia? No lo sé. Pero no puedo mirar una imagen como la de la niña con su libro sin sentir una punzada, como de algo muy sincero y puro que ya no está a mi alcance.

Kertész también incluye diversas imágenes de lectores en ambientes sociales públicos, con otras personas a su alrededor. Entre paréntesis, toda mi vida ese me ha parecido el equilibrio más deseable. Y por más que valore llevar adelante mi tema sobre los libros en total soledad, también noto que crea en mí una suerte de agitación existencial, una leve ansiedad, como si la droga que estoy ingiriendo —el libro— fuera demasiado potente. No sé cómo explicarlo. Soy mucho más propenso a encontrar el mundo, al hecho de él, abrumadoramente extraño. A veces tengo la sensación que el filósofo Heidegger llamaba "ser arrojados" a la existencia. Esto puede ser tan fuerte que en realidad me aleja del libro.

Leer en presencia de otros, sin embargo, puede permitir una deliciosa especie de oscilación, un vaivén. Periféricamente consciente de lo que me rodea —la presencia de otros—, no me sumerjo de tal manera en el texto como podría hacerlo cuando estoy solo en mi casa. Mis inmersiones son más discontinuas, entrecortadas por interrupciones en donde verifico lo que está a mi alrededor, echo un vistazo a la gente, sintonizo por un momento alguna conversación. El cambio me parece apasionante, al menos en un sentido, que es cuando salgo a la superficie del libro y percibo por primera vez lo que me rodea. Existe un momento de atención fragmentada que tiene el efecto de resaltar mi pertenencia dual y hace que todo sea más rico. Esto disminuye lentamente a medida que dedico toda la atención a lo que está a mi alrededor. Noto que la misma sensación no es igual hacia la otra dirección. Entonces, soy consciente de la necesidad de aplicar una presión especial en los símbolos que están frente a mi vista para que se abran a sus significados.

Las fotografías continúan en su celebración de la mundanidad particular del acto de leer. Personas en los techos, en los bancos, detenidas en las aceras, interrumpiendo otras actividades, leyendo solas, en pareja, de todas las edades, y que también constituye una muestra cultural bastante representativa. Lo que es común en todas estas fotos, invisible pero palpable y cada vez más a medida que doy vuelta las páginas, es mi sensación de observador de que, sin importar qué esté presente, manifiesto en la imagen, hay algo aún mayor que falta. Atención. Encuentro una circularidad paradójica. Estoy direccionando todo mi enfoque observador a algo que debe inferirse, a una huella externa que es una impresión de ausencia, de eliminación, sobre la base de la postura y la expresión, así como las presunciones que realizamos respecto de la acción retratada. ¿Encontraríamos un efecto similar si se tratase de un libro de fotografías de personas que están rezando? Probablemente. Sin dudas, habría un indicio comparable de extrema concentración, del yo alejado de su entorno inmediato y *hacia* algo. Pero también habría diferencias, me parece. ¿Cómo podría no haberlas? Cuando vemos una foto de una persona leyendo un libro, solo sabemos que él o ella está ausente —en general, no hay pistas de *dónde* podría estar—. Kansas, San Petersburgo, dentro del laberinto de Creta. Nuestra imaginación es infinita. Una persona que está rezando, por otra parte, está dirigiendo toda su atención a una deidad —no existe otro objetivo del rezo—. Pero, mientras que la pantalla mental del lector, aunque invisible para nosotros, es muy probable que tenga una escena imaginada de algún tipo, la de la persona que reza probablemente no incluya ninguna representación.

Focalizarme en la representación exterior de la lectura y del rezo desvió mis pensamientos hacia otro lugar, hacia un tema que ha estado muchísimo en mi mente en los últimos años. Me refiero al libro electrónico portátil, cuyo ejemplo más conocido es el Kindle. Ya se ha escrito mucho respecto de las diferencias entre la página impresa y la pantalla como forma de presentación, y de las consecuencias culturales de los dispositivos de lectura únicos; y ahora me sorprende que aún podamos tener otra comprensión de lo que significan las nuevas tecnologías si imaginamos un tratamiento fotográfico de este tipo de lectura sobre la base de lo que logró Kertész para el libro. Podríamos probar con una simple sustitución hojeando algo que yo llamaría *La lectura 2.0*, aunque tendríamos que atravesar ciertos efectos cómicos que surgirían de peculiares yuxtaposiciones –como una foto de tapa con esa misma mujer anciana en su cama, solo que dirigiendo su mirada a una máquina que irradia luz en lugar de a un libro–. No, eso nunca serviría. Pero el motivo por el cual no serviría nos dice mucho sobre contextos e imaginarios históricos. La imagen de la anciana sería cómica porque representaría una colisión frontal entre dos sistemas de símbolos: el mundo antiguo y la pos-posmodernidad, o como queramos llamarla. Igual que si quisiéramos colocar a un conquistador español en un nuevo auto híbrido. Muy sencillo.

Ahora presto más atención a la forma en que reacciono ante la imagen de una muchacha sentada, inclinada sobre una pantalla encendida y con texto. Mi primera respuesta, refleja, es que se trata de una pérdida de un estrato crucial de densidad, de abigarramiento, y –en relación con esto– una especie de pérdida de hogar para la historia en cuestión. Para llegar a la pantalla del libro electrónico, el texto ha sido extraído de su casa, se ha vuelto transitorio, absolutamente desnudado de una percha material y permanente. Algunas personas podrían discutir que esto es para bien, que representa una liberación de lo narrativo en su condición más pura. Y veo por qué ese argumento puede admitirse. Pero cuando pienso en la lectura de la infancia, lo hago no solo en términos del niño que consume la historia, sino también del niño que confiere al objeto –el libro impreso– un conjunto de poderosas y duraderas asociaciones. Ninguna de ellas versa sobre la experiencia como mundo, algo a lo cual se ingresa con el abrir de una tapa, y en el que nos movemos tras dar vuelta las páginas y, luego, preservamos tras la experiencia como una entidad repleta de asociaciones. El objetivo de una biblioteca –y para la mayoría de nosotros las bibliotecas comienzan con nuestros primeros estantes de valiosos libros– es que sean una manifestación exteriorizada de lo que valoramos como contenidos: historias, compilaciones de conocimiento, ideas. El libro no solo contiene lo material, sino que también subraya su importancia; el libro es el símbolo y la encarnación de lo que hay "adentro".

Qué difícil es precisar una diferencia que intuitivamente percibo como muy grande. Yo creo que el libro impreso no solo es un símbolo de lo que contiene, sino que a la vez es una especie de símbolo más abarcativo, uno que codifica la idea de la historia de maneras complejas. Intentaré explicarlo mediante otra imagen visual. Dos fotografías: en una, se muestra a una persona que lee un ejemplar abierto de *Anna Karenina*, en la otra, la persona lee un libro electrónico con alguna indicación inequívoca de que se trata de la misma novela. El contenido interior es el mismo, pero la significación es muy distinta. El libro, la embarcación en sí misma, es una instancia, un objeto entre muchos otros y claramente apunta a la diferenciación, a la especificidad. Los libros electrónicos son todos similares; cada título impreso es diferente de otros títulos a su manera. Ver a una persona que sostiene un libro impreso es percibir una instancia particular de un fenómeno universal, mientras que contemplar a una persona que lee de un Kindle es ver una instancia particular que es siempre la misma instancia particular, con lo cual, es sosamente universal.

Por supuesto, estoy hablando de impresiones externas, nada más, no de contenidos. Pero las impresiones externas cuentan con su propia especie de contenido. Cargan con conjeturas culturales, y estas pueden ser profundas. No diré que leer *Anna Karenina* en un lector electrónico sea diferente de hacerlo en papel. Pero el acto de leerlo *es* de alguna manera diferente, tanto en su mecánica como en su significado externo, y tal diferencia redunda en nuestra determinación colectiva del valor.

Cabe tener en cuenta que estas tecnologías para la lectura no son sistemas de entrega absolutamente nuevos; son una transformación de un sistema más antiguo. La paginación se mantiene, los márgenes, la división en párrafos. Existe una continuidad. Es simplemente que se ha quitado la cáscara, que había llegado a significar tantas cosas en nuestras vidas privadas y sociales. Si bien el lector electrónico es físico, el libro en sí mismo ha sido evaporado, se lo sacó de la existencia espacial y se lo volvió fantasmal. Y ha cambiado la naturaleza de su representación pública. Sabíamos de los libros porque los leíamos; también los conocíamos porque los veíamos —en las estanterías, mesas, en pilas junto a las camas de la gente—. Y verlos nos decía muchísimo sobre la situación del libro, de su lugar en nuestra cultura libresca.

Vuelvo a la imagen del libro de Kertész del comienzo —la del libro abierto—. Me doy cuenta de que no tendría lugar en el volumen suplementario, *La lectura 2.0*. Tratemos de evocar esa misma ventana sobre ese mismo escritorio y ubiquemos en el escritorio un reluciente lector Kindle. ¿Invita de algún modo similar a como lo hace el libro abierto? ¿Ofrece alguna promesa más sugestiva que la vista de una pantalla de televisión en blanco? Podríamos decir que ambas subliman una potencialidad pura, pero, en mi experiencia, el televisor ha pasado a no representar nada en absoluto. Para mí, no equivale a sus contenidos más o menos interesantes, como tampoco el microondas me recuerda los manjares que haya recalentado. Es puramente neutral, un medio para un fin. Punto.

Pero no, allí no termina el tema —retiremos ese punto—. Ahora y por mucho tiempo, el Kindle o cualquier otro dispositivo de lectura no se sostienen por sí mismos, sino también por el objeto, por la tecnología que está desplazando. Y un álbum como el de Kertész, solo dedicado a imágenes de personas que utilicen este dispositivo estandarizado, se convierte en una suerte de elegía, un símbolo de uniformidad, de objetos familiares desmaterializados. Vemos la imagen contraria, lo negativo, de todo lo que Kertész estaba celebrando.

Pero esta tampoco es la manera de terminar. Pienso que es preferible volver la lente sobre la lectura, el proceso y no los medios que la posibilitan. Mientras la lectura sobreviva, nos certifica como una especie constructora de símbolos, comprometida a vivir en el terreno material, pero también en uno muy alejado de aquel. Esto es tanto una maldición como una libertad. Sufrimos las ansiedades de la conciencia, cada vez más penetrantes a medida que el mundo se torna más complejo, pero no hay nada que hacer. La manzana ya ha sido comida. Contamos como recurso con la misma habilidad de construcción de simbologías que originalmente abrió el mundo a la interpretación. Toma diversas formas, pero es probable que la escritura y la lectura sean las más potentes o, al menos, las más intensas. Lo imprescindible de ambas es tan fuerte que el medio se vuelve secundario, si no discutible. *Sí* tengo una lealtad muy profunda hacia la especial tecnología del libro impreso y he analizado ampliamente sus méritos. Pero al mismo tiempo puedo ver, como en una secuencia visual a intervalos de tiempos, el movimiento histórico, lo que a veces pareciera una película acelerada de una metamorfosis, como solíamos verlo en la clase de Ciencias Naturales. Papiros, vitela, chirridos de plumas en *scriptoria*, los primeros códices[1], las mil y una reiteraciones de la premisa básica del libro, el Kindle, y me puedo instruir hasta verlos como el atuendo exterior de algo que lucha por liberarse, que aún no está allí. Algo, ¿pero qué? No existen respuestas disponibles, al menos no mías, pero con solo mirar las fotografías de Kertész me hago una idea de su potencia y de las formas complejas y emocionalmente ricas que han tomado y seguirán tomando. Lo que es probable, aunque quizá poco claro, es que tales formas futuras no serán reiteraciones y reestructuraciones de lo conocido. Transmitidas en plataformas de pantallas, sin dudas aprovecharán con mayor ingenio que nunca la temática del mundo "nuevo" –aunque es probable que, para ese entonces, también sea familiar–. ¿Quién duda de que explorarán las opciones que ofrecen la interactividad, los enlaces sofisticados y los multimedios? ¿Quién sabe cuánto evocarán las conjeturas humanistas del viejo canon, si criticarán y desafiarán los límites? Y la pregunta entonces es: ¿con qué *fin*?

---

1 El autor hace referencia a los distintos soportes de la época medieval. *Papiro*: soporte vegetal; *vitela*: soporte animal; *scriptoria*: palabra latina, plural de *scriptorium*, de la cual surge el término español "escritorio" (se trataba de habitaciones en los monasterios de la Europa medieval dedicados a la copia de manuscritos por los escribas monásticos); *códices*: libros manuscritos anteriores a la invención de la imprenta. (N. de la T.)

*Computadora portátil: leer en una era
digital*

Hay tantos cambios que están trabajando sobre nuestros sistemas últimamente... es como si se tratase de una absoluta nueva magnitud. Todos estamos buscando aclimatarnos a las señales, los datos y las redes mediante el desarrollo de nuevas costumbres y nuevos reflejos. Veo cómo la gente mayor intenta adaptarse y luego se maravilla por la facilidad con que los niños, que no tienen nada que desaprender, se sumergen hacia adelante. ¿Habrá alguna población en la historia que haya presenciado una mayor brecha entre sus miembros más jóvenes y más ancianos?

Les pregunto a mis estudiantes acerca de sus hábitos lectores y, si bien no me extraña enterarme de que pocos leen periódicos o revistas impresas, pareciera que muchos acceden todo el tiempo a fuentes de noticias en línea y a sitios colaborativos. Rara vez están alejados de sus pantallas por mucho tiempo, pero eso también es cierto para nosotros, sus padres.

Pero, ¿cómo empezamos a medir las consecuencias, de esto y de todo lo demás? El aspecto exterior de las cosas permanece casi igual, es decir que las apariencias no se han puesto al día con las casi siempre intangibles transformaciones. Los periódicos aún se venden y entregan, las librerías todavía llenan sus escaparates con nuevos títulos. Y aun así...

La información llega a parecerse a un ambiente. Si pasa algo "importante" en algún lado, vamos a enterarnos. La consecuencia de esto es que el mundo se cierra cada vez más. Nada lo penetra ni perfora. Lo real, que solía definirse en términos de inmediatez sensorial, se redefine.

* * *

Desde el punto de vista estratégico de la retrospectiva, lo que sucedía antes suele parecer pintoresco, al menos con respecto a la tecnología. De hecho, la pasamos mal imaginando que los usuarios, incluso si nosotros estuviéramos entre ellos, no fueran en cierto grado conscientes de lo absurdo de lo que hacíamos. Las películas son un archivo de cómo vivimos, y las más antiguas son prueba de ello. Vemos a las operadoras de centralitas entrecruzando cables en los orificios adecuados; a papá acomodándose en su lujoso y cromado automóvil, con sus alerones volados al viento; al joven que consulta su mapa en papel mientras toca el timbre de su bici y pedalea. Lo maravilloso es que todos ellos —todos nosotros— ocultamos muy bien nuestra vergüenza. La actitud del presente hacia el pasado... bueno, depende de quién esté observando. Cuanto más viejo seas, más probable será que tu mirada sea benigna, indulgente, incluso nostálgica. La juventud, por el contrario, rápidamente se burla, pavoneándose de saber más, sin darse cuenta para nada de que sus juguetes le parecerán igual de ridículos a la próxima oleada de jóvenes.

Estas ideas se me aparecieron la otra noche mientras miraba las primeras escenas de la película de Wim Wenders *Las alas del deseo* (1987), que parte de la premisa de una presencia activa de ángeles entre nosotros. La escena desencadenante está ambientada en una biblioteca moderna enorme y espaciosa. La cámara se precipita con angelical libertad, sube las anchas escaleras y toma una panorámica de una especie de balcón desde donde Bruno Ganz, quien interpreta a uno de los ángeles de Wenders, mira hacia abajo. Allí, la gente se mueve como insectos, analizando estantes, tomando libros, dialogando con este gran archivo de objetos.

Quizá fue la idea de los ángeles la que lo logró –la inserción de una perspectiva atemporal en ese momento de una Berlín moderna–, no lo sé, pero en un segundo sentí que estaba mirando hacia atrás en el tiempo desde un punto de vista distante y desinteresado. Estaba viendo todo como a través de una mirada del futuro, y lo que sentí, antes de que pudiera controlarme, era una suerte de lástima desconcertada: observar un ahora en un entonces que aún no sabe que es un entonces, que desinhibidamente se gratifica a sí mismo.

De pronto, es posible imaginar un mundo en donde diversas interacciones antes dependientes de la impresión sobre papel se hacen de pantalla a pantalla. No es una exageración ni un ejercicio de futurismo. Eso puede casi extrapolarse a los hábitos y comportamientos de adolescentes y jóvenes veinteañeros, que transcurren su vida casi sin recurrir al papel o sin hacerlo en absoluto. Durante las clases, están sentados con sus computadoras portátiles abiertas sobre la mesa frente a ellos. Yo hago de cuenta que están tomando apuntes relacionados con el curso, pero en realidad no me sorprendería saber que están escribiéndoles a amigos, realizando trabajos para otros cursos o simplemente husmeando en sus sitios favoritos mientras escuchan. Cuando surge una pregunta sobre cualquier cosa –una fecha, una publicación, el significado de una palabra–, me dan la respuesta antes de que haya terminado de formular la frase. Desde donde se encuentran, el movimiento de los usuarios de la biblioteca de Wenders ya tiene una coloración sepia. Sé que les presento toda la información sobre libros con cierta actitud defensiva; envuelvo mis declaraciones en una ironía preventiva. No podría tolerar ser sincero con las cosas que me importan y encontrar que mis palabras son recibidas con ese desconcierto tolerante del que hablaba, esa flexibilidad que otorgamos a las creencias y pasiones de nuestros mayores.

Un eslogan de AOL dice: "Buscamos como tú piensas". Acabo de terminar de leer un artículo de Gary Greenberg publicado en *Harper's* ("Una mente propia"), respecto de los últimos libros sobre neuropsicología, cuya esencia reconoce un consenso emergente en el área y, lo que quizás sea más aterrador, en la cultura en general: que podría no haber tal cosa como una mente separada de la función cerebral. Eric Kandel, uno de los autores discutidos, explica: "la mente es un conjunto de operaciones que realiza el cerebro, como caminar lo es de operaciones realizadas por las piernas, aunque radicalmente mucho más complejo". Es fácil que los términos y las comparaciones se desvanezcan en el pasado de manera abstracta y perdamos el peso completo de sus consecuencias. Pero Greenberg es un humanista lo bastante experimentado como para reconocer el momento en que el gran tronco respaldatorio de su cosmovisión es cortado transversalmente justo debajo de sus pies, y que todo lo que él creía sagrado está bajo amenaza. Su admisión podría no distar tanto de la que subyacía en la emergencia del pensamiento de Nietzsche. Pero si Nietzsche encontró una salida en el individuo en sí mismo, en el superhombre que se trasciende a sí mismo para ocupar el vacío dejado por la pérdida –la muerte– de Dios, entonces ya no existe carencia comparable.

El funcionamiento cerebral no puede sustituir a la mente, a menos que de alguna manera reconozcamos que la naturaleza del cerebro participa en lo que habíamos admitido que podría ser la naturaleza de la mente. Lo cual parece lógicamente imposible, dado que la naturaleza de la mente permite posibilidades de conexión y realización más allá de lo estrictamente material, y la naturaleza del cerebro *es* estrictamente material. Esto significa que lo que habíamos imaginado como ese *algo más* de la experiencia es creado internamente por ese manojo de neuronas que pesa algo más de un kilo, y que ese manojo no está postulando una definición más amplia de la realidad, sino más bien revelando una capacidad de proyección narrativa engendrada por reacciones químicas infinitamente complejas. No hay posibilidades de que haya un mago detrás del telón. El mago somos nosotros, nuestros químicos que se mezclan.

"Y si aún piensas que Dios nos creó", escribe Greenberg, "hay un motivo neuroquímico también para eso". Y cita al escritor David Linden, autor de *El cerebro accidental. La evolución de la mente y el origen de los sentimientos*: "Nuestros cerebros se han adaptado particularmente para crear historias coherentes y sin huecos (...) Esta propensión a la creación narrativa es parte de lo que predispone a los seres humanos al pensamiento religioso". Por supuesto, uno puede —debe— preguntarse: ¿de dónde surge la narración en sí misma? ¿Qué parte de nosotros necesita la historia en lugar de un fluir caótico de sucesos que podrían describir con mayor precisión lo que es?

Greenberg también cita al filósofo Karl Popper y su idea de que la cosmovisión neurocientífica gradualmente reemplazará lo que él denomina la perspectiva "mentalista": "Con los avances de la investigación cerebral, es probable que el lenguaje de los fisiólogos penetre cada vez más en el lenguaje cotidiano y que cambie nuestra imagen del universo, incluida aquella del sentido común. Entonces, hablaremos cada vez menos de experiencias, percepciones, pensamientos, creencias, propósitos y objetivos, y cada vez más de procesos cerebrales. (...) Cuando hayamos alcanzado esta etapa, el mentalismo estará absolutamente muerto, y el problema de la mente y su relación con el cuerpo se habrá resuelto".

Pero no solo los desarrollos de la ciencia del cerebro son los que están creando este profundo cambio en la perspectiva humana. Estas investigaciones avanzan de la mano de la implementación a gran escala y la constante expansión de la red neuronal externa —la digitalización de casi todas las esferas de la actividad humana—. Muy lejos de ser una mera tecnología recién llegada, lo digital en este punto está instalado como paradigma, saturando por completo nuestro lenguaje corriente. ¿Quién dudaría de que, incluso cuando no estamos pensando sino simplemente funcionando en nuestro nuevo mundo, estamos estableciendo las premisas de dicho mundo de manera muy diferente de como lo hacían nuestros padres o las muchas generaciones que los precedieron?

¿Cuál es ahora el lugar del mundo anterior, sus supuestos aún familiares, pero también teñidos de nostalgia sobre cómo actúa el yo en un mundo más grande e inexplicable, de modos aterradores y a la vez emocionantes?

Permítanme volver a la afirmación de Linden: "Nuestros cerebros se han adaptado particularmente para crear historias coherentes y sin huecos (...) Esta tendencia a la creación narrativa es parte de lo que predispone a los seres humanos al pensamiento religioso". ¡Qué tema para continuar reflexionando! Iría tan lejos hasta decir que aquí hay un misterio casi tan grande como la creación original —el qué, cómo y dónde—; la contemplación de cómo los químicos combinados generan cosas que denominamos narraciones, y que estas narraciones obtengan de la combinación de químicos las increíbles respuestas que obtienen. La idea de "narración creativa" carga con mucho sobre sus hombros, ya que la narrativa —una historia— no es lo mismo que una mera secuencia de hechos. Decir: "Fui aquí y luego, allá, y después hice esto, y más tarde, aquello" no es narrar; al menos no en el sentido que estoy seguro Linden pretende. Narrar consiste en crear una secuencia que exija sentido. Los animales, por ejemplo, no narran, si bien son muy conscientes de lo secuencial y de los efectos de los actos. "Mi maestro ha tomado mi recipiente y ha ido con él a esa habitación; volverá con mi comida." Esta es una cadena de acontecimientos enlazados por una expectativa causal, pero no más que eso. Las narrativas humanas son acontecimientos y descripciones elegidas y ordenadas para transmitir un sentido.

La pregunta, como siempre, tiene que ver con los orígenes. ¿Inventaron los seres humanos la narrativa o, debido a algún tipo de tendencia en su composición, la heredaron? ¿El adquirir conciencia humana será también un ingreso a la narrativa; es parte de la naturaleza de la conciencia humana buscar y generar narrativa, es decir, sentido? ¿Qué *significaría* entonces que los químicos, en combinación, generaran sentido, o la idea de sentido, o las herramientas con las cuales se busca el sentido? ¿Que los químicos crean aquello por lo cual su propia estructura y su funcionamiento son teorizados y cuestionados? Pareciera que, si eso fuese cierto, "la mera materia" tendría que ser redefinida y, entonces, tendría entre sus posibilidades combinatorias la de percibirse a sí misma.

Suponemos que el pensamiento lógico, el razonamiento analítico silogístico, es el necesario y adecuado. Y lo hacemos porque ese mismo modo de razonar nos lleva a pensar así. No hay salida, parece. Excepto porque el razonamiento lógico permite que haya otras lógicas, aunque no pueda explicarlas. Otra cita del artículo de Greenberg en *Harper's*: "Tal como un neurocientífico sin dudas descubrirá algún día, la metáfora es una herramienta que el cerebro utiliza cuando la complejidad lo hace incapaz de pensarlo directamente".

La metáfora, el poeta, la imaginación; toda la parte más profunda del esquema sale a la luz. Lo que subyace a mi inquietud es mi convicción de larga data de que la imaginación –no solo la capacidad, sino lo que podríamos llamar la *fiesta entera de la imaginación*– está bajo amenaza, se está hundiendo con mayor rapidez que la piel de zapa de Balzac, que se encogía cada vez que su dueño pedía un deseo. La imaginación, la característica única que nos conecta con las fuentes y posibilidades más profundas del ser, se reduce cada vez que aparece otra prótesis digital y coloca otro fino estrato entre nosotros y los dones esenciales de nuestra existencia, haciendo que sea mucho más difícil que nos comprendamos a nosotros mismos como parte de una continuidad ancestral. Cada vez obtenemos un nuevo y falso indicio de poder, una nueva degustación de pseudopoder.

Hay muchísimo debate, en papel y en línea, por estos días respecto de las consecuencias del comportamiento virtual sobre cómo pensamos, y si el pensamiento contemplativo puede verse afectado. ¿Cómo podría *no* verse afectado? El pensamiento contemplativo es por naturaleza intransitivo y empírico, es para uno mismo; el analítico, en cambio, tiene un objetivo, y la información es un medio, útil en la medida que lleve a construir una síntesis o explicación. En el mundo del pensamiento analítico, claramente es deseable contar con una máquina poderosa que pueda reunir y clasificar material con el objeto de identificar cuáles son los hechos necesarios. Pero en el mundo del pensamiento contemplativo, donde la reflexión es un medio para probar y refinar la relación con el mundo, un modo de buscar la conexión hacia formas más claras y satisfactorias a nivel afectivo, la información debe ser situada en su contexto. He llegado a pensar que la contemplación y el análisis no son meramente dos modos de pensar, sino modos de pensar *opuestos*. Y luego me doy cuenta: internet y la narrativa también lo son.

La idea está ganando fuerza en mí: la novela no es, salvo en la superficie, algo para estudiar solo en las clases de literatura. Más bien, se trata de un terreno de reflexión, un mundo de tiempo compacto paralelo (o adyacente) al nuestro. Visto de esa manera, su propósito podría estar lejos de comunicar temas o comprensiones importantes y cerca de funcionar como un impulso hacia la interioridad –que no tiene un fin mayor, sino que es el fin en sí mismo; una mejora, una profundización, un modo de preparar los motores de la conjetura–. De esta manera, y por esta razón, la novela puede ser un antídoto fundamental para los reflejos mentales que fomenta internet.

Esto evade un pronunciamiento respecto del antagonismo entre los modos "realista" y el que podríamos pensar como "artístico"; la cuestión no es la naturaleza de la representación, sino la calidad y sensación de la experiencia.

Sería muy interesante, entonces, asumir una "lectura" empírico-fenomenológica seria de distintos *tipos* de novelas –obras que ahora son vistas como de diferentes campos–.

Mi verdadera preocupación tiene menos que ver con el derrocamiento de la inteligencia humana en manos de la inteligencia artificial que con la veloz erosión –o degradación– de ciertos modos de pensar. Me refiero a la reflexión, la proyección creativa, la contemplación... el pensamiento por sus propios beneficios, en oposición a aquel que cosecharía hechos con un fin determinado. En el mejor de los casos, por supuesto, nos embarcamos en ambos, las partes izquierda y derecha del cerebro en equilibrio. Pero continúan llegando pruebas de que no solo estamos hipertrofiados en nuestra parte izquierda del cerebro, sino que también estamos sumergiéndonos en tecnologías que refuerzan ese tipo de pensamiento en todos los aspectos de nuestras vidas. El paradigma digital.

Durante mucho tiempo hemos tenido la idea de que la novela es una forma que puede estudiarse y explicarse –que por supuesto puede serlo–. Pero de aquí ha nacido la presunción dogmática de que la novela es una declaración, un dispositivo cargado de sentido. Lo cual, a su vez, permitió que se la considerara una empresa menor, ya que esos tipos de sentidos, si bien son adecuados para ensayos de la vieja escuela sobre la "crueldad del ser humano contra el ser humano", no pueden competir en el mercado con los requerimientos empíricos de la vida en el mundo.

Esta manera de considerar la novela en función del mensaje permite que emerjan redes evaluadoras, distinciones estéticas que luego generan argumentos entre, digamos, partidarios del realismo y partidarios de la experimentación formal, en donde una forma u otra se consideran como más aptas para llevar al lector un peso de contenido. De este modo, al menos, se ha hecho la novela para que sirva a la ideología transitiva.

Sin embargo, al pensar de esta manera, hemos estado ignorando la verdadera naturaleza más profunda de la ficción: que es empírica hacia adentro, un terreno de hipótesis, de liberación, en donde la mente y la imaginación pueden combinarse libremente, y en donde la memoria y las sensaciones pueden desplegarse, intensificarse a través de las limitaciones específicas que permite cualquier situación imaginaria.

La pregunta viene a mí con insistencia: ¿dónde estoy cuando leo una novela? Bueno, estoy "en" la novela, por supuesto, hasta el grado en que me envuelve. Puedo estar muy concentrado, pero nunca pierdo algo de la conciencia del mundo que me rodea —dónde estoy sentado, qué otra cosa puede estar ocurriendo en la casa—. A veces reflexiono (y esto también podría aplicarse a la escritura) que es engañoso pensar en mí mismo como si estuviera oscilando entre dos lugares: el evocado y el empíricamente real. Está más cerca de la verdad decir que ocupo un tercer estado, uno que de alguna manera amalgama dos conciencias, no muy diferente de la zona fronteriza temporal que experimento cuando aún no estoy del todo despierto, cuando tengo sensaciones, pero todavía me conduce el impulso de mi sueño. Experimento ambos, por momentos, como una suerte de profundidad privilegiada, un enriquecimiento.

Leer una novela implica una doble transposición: un giro cognitivo importante y luego una adaptación más específica. El primero consiste en zambullirse hacia adentro, sucumbiendo a la premisa de "permitir que exista otro tipo de mundo". No puede ingresarse en ninguna novela sin dar este paso. Mientras que la segunda instancia involucra admitir lo dado por la obra, aceptar que estamos, supongamos, en Nueva York a principios del segundo milenio, tal como lo ve la óptica de un yo en primera persona o de un narrador que nos conduce.

Aquí debo subrayar la distinción, tantas veces ignorada, entre la creación ficticia de Nueva York y la ciudad real. La novela puede evocar un lugar, pero no está simplemente refiriéndose al verdadero. El o la novelista deben introducir esa ubicación, sin importar cuánto se corresponda con la verdadera, en el espacio gravitacional virtual de la obra. Esto requiere invención.

Lo vital es este giro, que realmente no puede ocurrir sin la voluntad o intención del lector de experimentar un cambio de estado mental. Todos conocemos el sentimiento de coacción al intentar leer o zambullirnos en algo cuando no existe el deseo. En esos momentos, lo único que podemos hacer es proceder de manera mecánica a absorber las palabras, esperando que de algún modo lleven a cabo la magia y pongan en marcha la imaginación. Tal es el poder de las palabras. Son parte de nuestro propio proceso de generación de sentido y, cuando sus designaciones y connotaciones son intensificadas mediante una musicalidad rítmica, puede crearse receptividad.

El problema que se nos presenta en una cultura saturada de estímulos vívidos que compiten entre sí es que la primera parte de la transacción será anulada por una incapacidad de enfoque –el primer paso requiere que el lenguaje alcance al lector, que la palabra tenga musicalidad y que los ritmos cobren vida en la imaginación auditiva–. Pero cuando el período de concentración se configura en un nivel diferente y a otros tipos de estímulos, podría ocurrir que no pueda realizarse la conexión original. O, si se realiza, que sea débilmente. O demuestre ser incapaz de sostenerse. La imaginación debe acelerarse y luego, sostenerse –debe sobrevivir a la interrupción y los desvíos–. Antes, creo, la progresión natural de la obra, el desarrollo continuo y la complicación de la situación, si eran logrados con habilidad, bastaban. Pero escuchamos cada vez más la queja, incluso de lectores experimentados, de que les es difícil mantener la atención focalizada. Las obras presuntamente no han cambiado. O bien cambiaron las condiciones de lectura, o algo en los reflejos cognitivos de los lectores. O ambos.

Todos nosotros ocupamos un espacio de información que resplandece de señales. Hemos tenido que desarrollar estrategias para sobrellevarlo. No solo mediante la habilidad de estar atentos a llamadas simultáneas provenientes de diferentes direcciones y de distintas especies, sino también –y esto es destacable– de captar dichas señales de manera más indirecta. Cuando hay demasiada información, la picoteamos livianamente, enfocándonos solo en lo que más se necesita. Observamos la pantalla de la computadora con sus ventanas fragmentadas y nos orientamos con una atención necesariamente dividida. No resulta para nada sorprendente que cuando nos alejamos e intentamos concentrarnos en el texto íntegro de un libro tengamos problemas. No es tan sencillo suspender la adaptación.

Estoy terminando la novela de Joseph O'Neill, *Netherland*, tan cautivado como podría estar por ella. Noto que me atrapa menos la acción —en realidad no abunda— que el tono. Tengo la sensación familiar —necesaria— de conocer los pensamientos (y el mecanismo rítmico interno) de Hans, el narrador, y estoy interesado en él. Aunque, para ser preciso, no estoy seguro de estar cautivado tanto por Hans en sí mismo como por la sensación de escuchar a escondidas la conciencia de otro. Todos los aspectos del asunto me interpelan, sus pensamientos y observaciones, los desvíos inesperados que toman sus recuerdos, sus esfuerzos por involucrarse en su propia vida de sentimientos. A medida que leo tengo destellos de conciencia de que él está siendo *escrito* y que algunas veces hay un giro brusco hacia una inhibición literaria. Pero no me preocupa, no rompe con la cuarta pared; estoy perfectamente satisfecho de ver estos giros como el producto de los esfuerzos propios del autor —lo que sugiere que tiendo a ver al autor como una continuidad de sus personajes, su extensión—. Es la proximidad *con* y la creencia *en* la conciencia lo que importa, más que su fuente o ubicación. A veces todo lo demás parece un artilugio para hacer posible esta conexión única. Es *el motivo* por el cual mayormente siempre he leído.

Una vez más hago las preguntas con las que he vivido y sobre las que he escrito durante décadas, pero aún sigo sin responderlas de manera convincente. ¿Dónde estoy y qué estoy haciendo cuando leo una novela? ¿Cómo justifico la actividad como algo más que un modo de pasar el tiempo? ¿Acaso todas las novelas que he leído en la vida verdaderamente me han dejado alguna enseñanza aprovechable, más allá de un sentir más profundo por las palabras, las posibilidades de la sintaxis, etc.? ¿Alguna vez en verdad he sido mejorado —o incluso he aprendido algo— por mi exposición a una temática, a alguna perogrullada respecto de la existencia por sobre la referencialidad de la situación? Es decir,

¿más que lo que mi propia reflexión me ha brindado? ¿Y de qué manera ocurriría dicha mejora?

Leo novelas con el fin de dejarme envolver por una especie de actividad interna de concentración y enfoque que no encuentro en la mayoría de mis ocupaciones diarias. Esta lectura, más que cualquier otra cosa que hago, es paralela a mi propia vida interior –y por ende, se sintoniza con ella, la acentúa–, vida que más que nunca es asociativa, un puente entre la observación, la memoria, las reflexiones y el reconocimiento emocional. Una buena novela pone en juego todos estos elementos a su manera única y propia.

Mientras leo una novela, una que me movilice en cierto grado, la obra en su totalidad –el discurso, el tono, la consideración del mundo– vive dentro de mí como si se encontrase dentro de paréntesis, y actúa sobre mí, quizás de un modo análogo al de lo que se encuentra entre paréntesis y el sentido del resto de la oración. Mi modo de ver a los demás, o mi consideración sobre el sentido direccional más amplio de mi vida, están sujetos a una presión o infiltración. Veo cómo las personas cruzan la calle en una intersección y algo del sentido de la escala del personaje, o del autor –cómo infiere la importancia de la observación cotidiana– influye sobre mis sensaciones como mientras espero en un semáforo. Y los pensamientos fortuitos que obtengo de dicha observación tienen una manera de resonar con la perspectiva del libro. ¿Se trata de una ampliación o profundización de mi experiencia? ¿Me hacen de algún modo más apto para la vida? Siento que sí, pero sería muy difícil decir cómo.

¿Qué nos deja la novela luego de su fin, ha resuelto sus tensiones, nos ha dotado de su ejercicio particular? Siempre me gustó el epigrama de Ortega y Gasset, "La cultura es lo que permanece tras haber olvidado todo lo que hemos leído", pero no debemos permitir que la pulcritud epigramatical nuble la profunda verdad: que *existe* algo por sobre los denominados contenidos de una obra que no solo es de algún valor, sino que realmente constituye la cultura en sí misma.

Tras recién haber terminado de leer *Netherland*, puedo dar testimonio de los rastros que deja una novela. No en términos de cultura tanto como en los de una resonancia personal específica. Las consecuencias y los impactos, por supuesto, cambian constantemente y no hay manera de saber con qué de la novela, de existir, permanecerá en mí dentro de un año. Pero aún ahora, con los escenarios y personajes todavía disponibles para recordarlos fácilmente, puedo ver cómo algunas cosas comienzan a desvanecerse y otras dejan su marca. Este proceso me delata como lector, sin dudas. Con la novela de O'Neill —y, en mi caso, esto casi siempre ocurre con la ficción—, los detalles de la trama se difuman primero, y con tanta rapidez que en unos pocos meses solo me quedará un resumen más general. Me hallaré poniéndome nervioso durante las conversaciones con amigos cuando mencionen el libro; mi preocupación principal es que, si no puedo recordar lo que ocurrió en una novela, cómo terminó, ¿puedo decir honestamente que la he leído? En realidad, si nos restringimos a la memoria de tramas, entonces debo confesar que no he leído casi nada, aunque haya estado décadas dando vuelta páginas.

Si algo retengo es más o menos una memoria distintiva de los tonos, la convicción de haber estado dentro del mundo lingüístico de un autor y, junto con ello, alguna comprensión de su psiquis difícil de precisar. Realmente creo haber logrado algo importante, aunque para sostener eso debo decir que el acceso a la memoria no puede ser el único criterio de impacto, que existen otras maneras en que podemos poseer información, impresiones e incluso comprensión.

Por supuesto, también existen distintos tipos de acceso a la memoria. Pueden iluminarme con la lámpara de interrogatorio en la cara y pedirme que describa *El tránsito de Venus*, de Shirley Hazzard, y fracasaré miserablemente, a pesar de haberla incluido en el listado de las novelas que más admiro. Pero sé que algunos rastros de su inteligencia están en mí, que puedo, según el detonante, evocar escenas de dicha novela en destellos inesperados y vívidos; no se ha desvanecido por completo.

Y es probable que algo similar explique el aforismo de Ortega y Gasset, "la cultura es lo que permanece".

En una vida entera de lectura −estrechamente relacionada con una vida entera de olvidos− guardamos impresiones con descuido, según sistemas privados de distribución, dejando información fáctica en un plano, percepciones psicológicas adquiridas (cómo actúan las personas cuando tienen celos, cómo se siente la compulsión romántica) en otro, ideas en un tercero, etc. Creo que sé muchísimo sin saber qué sé. Y además, lo comprendido de una procedencia se unen con los de otra. Podría ser, sin saberlo, un muy buen estudiante de la naturaleza humana como resultado de mis lecturas. La procedencia puede esfumarse mientras que la sensación permanece.

Hay un detalle de *Netherland* que dejó una marca especialmente vívida en mí, lo cual podría ser una especie de índice del contexto más amplio de mis cuestionamientos. O'Neill describe cómo Hans, en su desolada separación de su esposa e hijo (él está en Nueva York; ellos, en Londres), utiliza la función satelital de Google en su computadora. "Comencé con un mapa híbrido de los Estados Unidos", afirma, "y trasladé mi radar de navegación por sobre el Atlántico Norte, en donde comencé mi descenso desde la estratósfera: sucesivamente, hacia una Europa marrón, *beige* y verdosa (...) Desde el laberinto central de calles color ocre, seguí el río por el sudoeste hasta Putney, me acerqué con el zoom a las calles Lower y Upper Richmond y, con una imagen absolutamente fotográfica, descendí por fin a través de la calle Landford. Siempre estaba en un día claro y hermoso −e invernal, si mal no recuerdo, con las hojas de los árboles amarronadas y sombras alargadas−. Desde mi perspectiva de aeronauta, en el aire, a unos cuantos cientos de metros, la escena carecía de profundidad. Podía ver la buhardilla de mi hijo, la pileta azul armada y el BMW rojo, pero no había manera de ver más, o con mayor profundidad. Estaba atascado."

Hacia el final de la novela, Hans revierte la perspectiva. Es decir, retoma la vista satelital desde Inglaterra −ha vuelto− en busca de visualizar el campo de críquet donde trabajó con su amigo Ramkissoon: "Desciendo de nuevo, lo más bajo que puedo. Allí está el campo de Chuck. Es marrón —el pasto se ha quemado—, pero aún está allí. No hay rastros de los cuadrados de bateo. El cobertizo para el equipamiento no está. Solo veo un campo. Me quedo observándolo por un rato. Estoy lidiando con diversas reacciones y, luego, mediante un mero roce en la pantalla táctil, me remonto a la estratósfera y, de inmediato, puedo ver el planeta físico con los pliegues submarinos y todo —tengo la opción, si quisiera, de ir a cualquier lado—".

La obsesión de Hans me parece profundamente movilizante, un intenso reflejo de su personalidad; también me resulta bastante eficaz como dispositivo de imagen. Para comenzar, contemplar una acción tan intensa a la distancia resulta fascinante —incluso la idea de que uno *puede* hacer algo así—. Y confieso que detuve mi lectura luego del primer fragmento para ir directo a mi computadora portátil y ver si realmente era posible obtener tal acceso. Lo es, aunque detuve la descarga antes de conseguir lo que deseaba por miedo a que la potencialidad de una mirada todopoderosa pudiera abrumar el sistema de circuitos de mi modesta máquina.

Esta idea de sitio con vistas privilegiadas merece una consideración. No solo en términos de qué brinda al usuario promedio —complejo acceso visual a todo el planeta (me resulta difícil hasta desentrañar esto... yo, que tras años de volar, aún me emociono como un niño cuando el avión desciende y la visión se acerca, convirtiendo gradualmente una ciudad de juguete en algo real)—, sino también por el sorprendente modo en que ofrece un correlato de la libertad del novelista que cae en picada. Aun así, Hans no puede acercarse más —está restringido por los límites de la tecnología y, necesariamente, por la exterioridad visual—. El novelista, sin embargo, puede completar la acción al ingresar por la ventana de la buhardilla y, luego, si lo ha establecido de ese modo, en la mente de cualquiera de los personajes que ha encontrado o creado allí.

Esta imagen cobra relevancia de otro modo más conceptual. La realidad que O'Neill ha descripto de manera tan convincente, la del acceso tras caer en picada, es parte del Futurama que es nuestro presente. Esa posibilidad satelital representa muchísimos otros tipos de posibilidades, el nuevo alcance entero de tecnologías de la información que, diría, más que cualquier otra transformación de las últimas décadas ha modificado el modo en que vivimos y quiénes somos de maneras que ni siquiera podríamos mensurar. Cuestiona el lugar de la ficción, de la literatura, del arte en general en nuestro tiempo. Podríamos preguntarnos de qué modo, contra semejante potencia, la belleza, las expresiones íntimas podrían realizar una súplica. La acción misma que el autor entrega con tanta precisión constituye una amenaza indirecta a su supervivencia.

Pero un momento —ahora viene la objeción—. *¿Acaso no es justamente el punto que él lo haya reemplazado con su imaginación, en nombre de su imaginación?* Sí, por supuesto, y se trata de una captura sorprendente. Pero no deberíamos ser demasiado complacientes respecto del alcance superior del novelista. Porque estas mismas cosas —todo el funcionamiento y las capacidades que ahora reclamamos— están invadiéndonos por todos los flancos. Es cierto, O'Neill puede capturar a través de oraciones bellas la sensación de un ojo satelital que se dirige a su objetivo, pero el hecho de que tal poder esté disponible para el usuario promedio excede el poder general de la novela como género. Al darnos aún otro instrumento de acceso, el ojo satelital hace que disminuya el poder funcional de la imaginación en sí misma. Vale la pena preguntarse si la persona que puede realizar una zambullida transatlántica tendrá, en parte debido a dicho poder, menos capacidad o menos voluntad —o ambas— de leer las trabajosas secuencias que conforman una obra escrita como la que estamos leyendo. Por supuesto, no me refiero solo a sus aventuras satelitales, sino a la suma de sus interacciones vía internet, que son otros aspectos de nuestra absolutamente transformada cultura de la información.

Después de mofarme del poder descontextualizador del motor de búsqueda, es a Google al que acudo esta mañana para rastrear la fuente de la frase de Nabokov "arrebato estético". Y, por cierto, en la quinta o sexta entrada ubico la cita, dentro del epílogo de *Lolita*: "Para mí, una obra de ficción existe solo en tanto me permite disfrutar de lo que, sin más ambages, llamaré arrebato estético". Frase que ha estado en mi mente durante los últimos días, en paralelo con mi lectura de *Netherland* y mis intentos por exponer el valor de ese tipo especial de experiencia lectora. "Arrebato estético" es una respuesta posible... las consecuencias que tienen en mí ciertos estilos de prosa, como la del propio Nabokov, o John Banville o Virginia Woolf. Pero la frase suena trivial, como si fuéramos meros entendidos en la materia, un asunto elitista y vanaglorioso. Es mucho más complejo que un simple embeleso por palabras y frases bonitas. Arrebato estético. Para mí, expresa el disfrute que se tiene cuando los materiales, las palabras, funcionan en su máxima expresión, dando vida a las emociones en la mente.

Emociones... Puedo imaginarme una objeción, escucho una voz que me dice que las emociones en sí mismas son triviales, no tan importantes como las *ideas*, como la temática. Como si hubiese una jerarquía en donde las ideas y las revelaciones psicológicas se encontraran en un nivel y, muy por debajo de ellas, la recreación de las texturas de experiencias y procesos internos. Por supuesto, yo no estoy de acuerdo, y tampoco lo está mi sensibilidad lectora que, ya he confesado, no va en busca de temáticas y suele olvidarse de ellas luego de leerlas. "Lo que bien amas permanece", escribió Pound —y en mi opinión se trata del lenguaje en esta condición de lúcida y sensual precisión, el lenguaje que no olvida el mundo de los sustantivos—.

* * *

De vez en cuando escucho argumentos sobre cómo la función original del paso del tiempo de las novelas extensas se ha vuelto obsoleta debido a los medios que rivalizan con ella. Lo que encuentro con menor frecuencia es la idea de que la novela es funcional y representa cierto ritmo interior y que *esto* ha sido callado (aunque no eliminado) por las transformaciones de la vida moderna. Me refiero a que la lectura exige una sincronización literal —neuronal— de los propios ritmos reflexivos con los de la obra. El trabajo de comprensión altera la actividad cerebral, crea caminos de memoria y activa secuencias de reconocimiento de patrones. Una cosa es leer velozmente una sátira contemporánea con mucho diálogo, y otra muy distinta involucrarse en el mundo de ideas repleto de sutilezas de los personajes de Norman Rush en *Mating*. El lector debe adaptarse al autor y no viceversa, y algunas veces dicha adaptación parece muy difícil. Si la novela extensa resultaba sincrónica con el ritmo cardíaco básico de sus lectores, ya no lo es.

Pero el asunto es aún más complejo. Porque una cosa es hablar de sensibilidad temporalizada en función de ciertos ritmos —más rápido o lento—, y otra representar que lo que una vez había sido una entidad más o menos singular ahora está sujeta a una fragmentación casi constante por la dinámica fragmentaria de la vida moderna. Se puede tener concentración, pero para la mayoría de nosotros solo se la consigue al ponernos *en contra* de las cosas que cotidianamente la destruyen.

Las obras literarias importantes tienen niveles. El lector o la lectora involucrada no solo capta la premisa narrativa y el oficio de su realización, sino también la resonancia que crea el autor o la autora, deliberadamente, por medio del uso del lenguaje. Se trata del poder secundario de la buena escritura, que suele ser el motivo ulterior de dicha escritura. Ambos niveles funcionan en una especie de rezago, con la resonancia que se acumula detrás del sentido, construyendo una densidad lingüística que es el equivalente verbal de un regusto, o "final". El o la lectora que leen sin dirigir su concentración, que ojean o quizás simplemente pasan con prisa por la superficie, se están perdiendo muchísimo del verdadero propósito de la obra; están engullendo su *foie gras*.

La concentración ya no es un hecho, se debe conseguir estratégicamente, pelear por ella. Pero cuando se la consigue puede producir experiencias que son más gratificantes por ser únicas y porque ha costado mucho obtenerlas. Aún existen autores ambiciosos que no han escuchado las noticias. Obras importantes y demandantes siguen produciéndose, y nos invitan. Alcanzar una concentración profunda en la actualidad es asestar un golpe contra la disipación del yo; es una manera de fortalecer la propia postura esencial.

A OTRA COSA

El verano de Bolaño.
Una publicación sobre lecturas

Hubo un tiempo en mi vida, no del todo olvidado, en que leer una novela podía parecer adentrarse en un camino desconocido hacia algo más que un simple trabajo literario delimitado, hacia la vida misma. Puede sonar hiperbólico –lo es, en parte–, pero tampoco quiero subestimar el hecho al ser demasiado cuidadoso. Porque sé que alguna vez leí ciertos libros y novelas con tal disposición, en condiciones de mucho entusiasmo, que se abrieron ante mí de semejante modo, como si estuviera abriendo el caparazón del lenguaje. Y tenía momentos, lo sé, en que el orden común de las cosas se revertía y no era el libro el que parecía acompañar la vida como un paisaje fuera de la ventanilla del tren, sino que más bien *esa* era la vida, mientras que el tren y sus ventanillas conformaban la novela. Recuerdo la intensidad del involucramiento y el deseo que sentía de volver a ella cada vez que me alejaba. Lo cual casi me hace pensar que cuando la ilusión es lo suficientemente fuerte, de una profunda intensidad, sobrepasa las sensaciones de estar vivo. Esas mismas sensaciones son, por supuesto, las que puede evocar la novela indicada, pero si son más tenues en cuanto a la realidad, consiguen muchísimo más a través de la condensación.

Una mañana reciente, mientras caminaba alrededor del estanque de una pequeña reserva natural de nuestro vecindario, noté el perfil de un conejo; me miró y luego, sin ningún movimiento revelador, se adentró en el alto pastizal. Fue raudo y preciso, un placer para la vista, pero pensé de inmediato cuánto más rico habría sido el acontecimiento si lo hubiera relatado el estilista de la prosa adecuado –un minucioso como John Updike, por ejemplo–, o de la pintura. Creo que recién entonces comprendí aquello que el arte agrega a la vida: la atención adecuada. La representación no es más bella que el acontecimiento, pero dirige nuestra atención, la enmarca.

Pero volvamos a esas tempranas intensidades, en donde la vida sobre las páginas era más cautivante que la vida *en el afuera* y los dramas evocados me interpelaban de un modo que sus equivalentes reales tanto más enrevesados jamás hubieran podido. Un suceso en una página es uno enmarcado, y las condiciones de participación dependen de dicho marco. Un acontecimiento de la vida real confunde a través del alcance de sus consecuencias. En el libro, en cambio, el acontecimiento lleva el peso de su determinismo, mientras que en el tiempo real –a menos que hablemos de la muerte– tal suceso o circunstancia teóricamente está abierta a la revisión, a un nuevo encuadre.

Los personajes entran en juego, por supuesto, de mil formas diferentes. Y no me refiero al sencillo y obvio modo en que un lector se identifica con un personaje de ficción y atraviesa experiencias de forma indirecta, aunque por supuesto eso ocurre todo el tiempo. Pero no pienso que tengamos que creer que de modo alguno estamos "en la piel" de un personaje para tener respuestas fuertes. Mi pregunta constante reflota: ¿dónde estoy cuando leo una novela? ¿Y *quién* soy? Por supuesto, la respuesta siempre es diferente y en parte depende de lo que esté leyendo. Existen tantas maneras distintas de insertarse en realidades proyectadas como novelas. Cuando estaba leyendo *Ciudad abierta*, de Teju Cole, hace un tiempo, tuve cierto campo de conexión con el personaje Julius –su sentido de alienación, sus ambivalencias respecto de sus diversos vínculos–. Además, la narración en primera persona me atraía muchísimo más que si hubiera sido un relato en tercera persona. Pero en ningún momento creí *ser* él, habitar su persona. Él era muy diferente de muchas maneras, y yo, demasiado reticente. Me sentía feliz de tener la proximidad de un merodeador y, de vez en cuando, permitir que sus percepciones, su expresión de sí mismo, se fundieran con las mías. Como siempre, había momentos de conexión simbiótica. Esto es muy distinto de como pude haberme sentido a cierta edad impresionable cuando leí *El guardián entre el centeno* –cuando pude haberme persuadido de que los pensamientos y sentimientos de Holden Caulfield eran por completo míos–.

El hecho de involucrarse simbióticamente con un personaje no es nada despreciable; más bien es uno de los placeres máximos de la lectura. Se trata de una consecuencia, en parte, de elementos afines de perspectivas –o, al menos, lo fue para mí en la novela de Cole.– Asimismo, fue un producto del lenguaje de la novela. Una de las cosas que ocurren al leer es que el lenguaje del novelista usurpa el nuestro, ocupa su lugar. Ejerce su presión, transformándonos de manera temporaria al modificar quienes somos. Si leemos con absoluta atención, las palabras del autor, en efecto, se convierten en un medio de nuestro pensamiento. Por ende, cuando leo a Nabokov –y este es uno de los motivos por los cuales *me gusta* leer a Nabokov– adquiero su coloración lingüística, comienzo a pensar mi propia vida a través de su dicción y sintaxis. Hago eso directamente mientras leo y, de manera más indirecta, una vez que dejé el libro de lado. Y si me siento a escribir una carta o un correo electrónico, no resulta extraño que repita como loro al maestro.

La novela *2666*, de Roberto Bolaño (la he tomado como mi proyecto de verano), es bastante atrapante en ciertos niveles, pero no ofrece personajes memorables. Por empezar, son muchos y están narrados en tercera persona. Algunos, si bien son más cercanos a mí por sus inquietudes (hay varios de estilo literario europeo en la primera parte), se mantienen distantes debido a la mirada fríamente irónica con la que el autor los presenta. El protagonista de la tercera parte es un periodista afroamericano que viaja a México para cubrir una pelea de boxeo. Es casi imposible a nivel experimental que coincida con él (su nombre es Fate[1]), y sin embargo, de alguna manera, resulta que estoy merodeándolo, compartiendo algunas identificaciones humanas universales —cómo se siente llegar a una ciudad desconocida de aspecto desolador, por ejemplo— y coincidiendo con su propio desconocimiento: ni él ni yo sabemos qué nos deparará la vida (en la visión de Bolaño) en el futuro.

Las novelas, de tal naturaleza, presentan acontecimientos bajo el ala del destino. Cuando el autor crea una narrativa está, de hecho, modificando el vago flujo de circunstancias, muchas veces de aspecto digresivo, y transformándolo en un despliegue intencionado. O bien, si labra un entendimiento modernista más estallado de sucesos y situaciones, somete la ausencia de un destino a la especie de presión que actúa en la metafísica. Como Beckett, digamos. Pero, principalmente, cuando leemos novelas estamos ingiriendo una versión de experiencia editada y con cierta forma, en nuestra mucho menos coherente versión de la vida. Sé que leo novelas, en parte, para cazar esas convicciones de manera furtiva, para dirigirlas hacia mi propia vida. Y a veces funciona. La perspectiva de la novela se infiltrará en la forma en que proceso mi propia experiencia. Incluso cuando el diseño completo de una novela aún no se ha revelado, leo con la presunción de que *hay* un diseño, y afecta a cada parte de mi inmersión. Sentirme sujeto a la misma incerteza respecto de lo que ocurrirá a continuación, a medida que sigo al periodista de Bolaño, no contradice esto. Esta expectativa, este preguntarme, se limita —e intensifica, creo— por mi confianza en que existe un fin determinado, en que la suerte del personaje no carece, como bien podría carecer la mía, de alguna revelación o acontecimiento significativo.

Un amorfo domingo de verano lo paso casi en su totalidad leyendo en el sofá. La parte en que me encuentro está ambientada en México

---

1   "Fate", del latín *fatum*, significa destino. (N. de la T.)

y narrada en un estilo negro escueto. No es de mis partes preferidas; ciertamente no se trata de un "arrebato estético", pero continúo, parcialmente porque la larga tarde no ofrece mucho más. Continúo recordándome a mí mismo todas las veces —el invierno y la primavera últimos— en que anhelaba momentos desestructurados de lectura, esa infinitud que la idea del verano siempre promete. Estoy tendido en el sofá cercano a la ventana del segundo piso... el cielo azul, una brisa, el temblor de las hojas que invitan a soñar despierto. Leo durante un tiempo, luego, levanto la vista y observo como las ramas se mueven de un lado a otro sin una forma clara. En algún momento me doy cuenta de que mientras miro las hojas me enfrento, sin querer parecer dramático, a lo desconocido e imposible de conocer; y cuando vuelvo la mirada a mi libro y con tan solo un pequeño ajuste reingreso en la historia, estoy ingresando en el mundo comprendido absolutamente en la imaginación del escritor, un mundo que parece un lugar sensato, sin importar qué está ocurriendo allí. Cuando me encuentro mirando a la distancia azulina una vez más, mi vida entera está ahí, a la espera, cada porción de ella irresuelta. Excepto el pasado, que es todo lo que ahora ha pasado a través de la malla, que está comenzando a tomar la condición de narrativa, que está mucho más cerca de la ficción que el presente o el futuro.

Los pensamientos quieren seguir su camino montañoso. Comienzo en un lugar, pero antes de darme cuenta me tropiezo con un desvío, y luego llega otra cosa para confirmar, para dar otro golpe en el bache. Las reflexiones sobre la narrativa me conducen a otras sobre género, y en cierto punto, no estoy seguro de por qué, estoy tratando de comprender simplemente cómo es que una novela puede llegar a ser mágica para el lector. No es que el género en sí mismo sea de ningún modo mágico —más allá de análisis sutilísimos—. No, el género existe solo en sus ejemplos y a través de ellos, al igual que el ajedrez no puede encontrarse en otro lado que no sea en sus innumerables partidas específicas. La mayoría de las novelas tienen poca o ninguna fuerza fascinante; unas pocas quizás la posean fugaz o dificultosamente, pero escasean las obras que de manera auténtica tienen esa carga de principio a fin, y siempre ha sido así. Por supuesto, tendemos a olvidarlo. Muchos nos acercamos repentinamente a la lectura por tratarse de obras famosas, obligatorias o recomendadas. Como si todas las obras que se hubieran escrito fueran una *Emma*, un *Retrato del artista adolescente* o *Los Buddenbrook*. La lista no es muy extensa, y como ex librero y crítico me sorprendo una y otra vez (aunque podrían pensar que aprendería) por la forma en que las novelas que en su época fueron sensación, novelas de autores reconocidos e incluso premiados, desaparecen en el limbo de la lista negra, sus lomos se esfuman a medida que nuevos libros reabastecen las estanterías. El gran proceso de escudriño de la lectura: ¿qué ocurre con una obra cuando se la desenchufa de la maquinaria de bombos y platillos publicitarios? Lo que comenzó en la oficina del publicista con el tiempo continúa debido al entusiasmo de las personas, al poder del boca a boca; el proceso entero se hace realidad por el irrefutable hecho de que la novela puede funcionar como una transportación especial y de que mucha gente nunca se cansa de buscarla.

La sensación de estar leyendo la novela adecuada guarda relación con la de estar enamorado. Existe una entrega de las inhibiciones, una sensación de estar siendo arrastrados hacia algo inesperadamente placentero. He vivido suficientes ocasiones de transportación lectora como para creer en ella. Sin dudas, no soy el único. Y si bien es cierto que las obras que causan este efecto, que en conjunto son un complejo código de placer, *pueden* analizarse en términos de los elementos de su oficio, ninguna discusión de este tipo puede comenzar a explicar el efecto que producen.

Diría que la magia radica en el poder del autor –de la novela– de generar ilusión; con qué intensidad y completitud tiene la capacidad de colocar al lector en otro lugar. Tantas cosas contribuyen: personajes atractivos, una narrativa con suspenso, la belleza de la escritura. Pero se me ocurrem muchas novelas que tienen todos los elementos característicos, o casi, y aun así no poseen la magia en cuestión. Aquí recuerdo la conocida afirmación: es muy difícil escribir una novela romántica convincente. La mera obediencia a las fórmulas evidentes no bastará. El escritor o la escritora necesitan creer por completo en el mito que están vendiendo. Debe haber un elemento decisivo similar que dé cuenta del éxito de ciertas obras literarias importantes. Para que el lector alcance la transportación, el escritor también tiene que haberla alcanzado, en cierto grado. Y cualquiera que escriba sabe que no se trata simplemente de apretar un interruptor. Si fuera así, estaríamos colmados de obras maestras. A mitad de camino de la novela de novecientas páginas de Bolaño, estoy decidido a terminarla. No solo porque me gusta terminar lo que empiezo y tengo una sensación de fracaso si no lo hago. Y ni siquiera porque hasta ahora haya compensado mis suposiciones en muchos niveles —el estilo de la prosa, lo inesperado de la concepción en su conjunto y la textura página tras página—. Me siento como si no estuviera simplemente leyendo otro libro, sino ante la *presencia* de algo grandioso y único, y obtengo mucha energía de ello. Si no hay otra opción —y hay muchas otras—, esto ayuda a apuntalar mi fe en la vitalidad y necesidad de la novela, del arte. Pero existe otra razón por la cual continúo adelante y tiene que ver con la dinámica del proceso de lectura, con mi sensación de estar comprometido con algo que está en marcha, de estar *en relación*.

Una cosa es leer una novela, leer la narrativa a través de sus páginas, desempeñando el papel de lector. Y otra es tenerla a mi lado, moviéndose conmigo durante todo el día, cuando no estoy leyendo. Ni siquiera me refiero a todos los momentos en que evoco la obra con el pensamiento al recordar una escena, a un personaje, conectarme con su proceso mental de alguna manera. A veces, es suficiente con sentir el peso de lo que nos rodea, su inminente presencia. Siento que *2666* crece en mí, capa a capa —aparece el recuerdo inmediato de todas las horas transcurridas en esta o aquella silla leyendo, absorbiendo la ambientación, las situaciones y el tono— y también tengo el resto aquí frente a mí, ya hecho realidad hasta su última frase, pero aún desconocido, a la espera de desenlaces que no puedo adivinar. Cuando paso por la habitación, lo veo apilado en la mesa de noche y sé que contiene una parte de mis próximos días. Es decir que también contiene cierta clase de tiempo —reflexivo, restaurador, duradero—. Un tiempo que representa una contraargumentación —y refutación— del ajetreo superficial que rige tantas porciones del resto de mi vida. Veo el libro, la posibilidad de una inmersión prolongada, como un refugio.

Soy consciente de que me ocupa un trabajo de gran envergadura, una novela de grandes ambiciones y riesgos. Reconocerlo me retrotrae a una era más temprana de mi lectura y pensamiento. Porque hubo un tiempo, coincidente con mis veintipocos, cuando recién comenzaba a trabajar en librerías y a leer con mayor avidez para mí y no tanto para las aulas, siguiendo mi olfato y haciendo hallazgos, dejando que un escritor me llevara a otro, buscando ejemplares y héroes, en que la idea de la novela era muy importante para mí. Los grandes nombres y libros legendarios estaban todos a mi alrededor, en su mayoría aún sin haber sido leídos, y en su conjunto constituían una especie de panteón impreciso, prometían un futuro extraordinario. Mi idea personal de futuro, mi grandiosidad, se fusionaba con la idea de esta magnífica literatura. Solía llevar con mucho cuidado pilas de novelas desde el área en donde se clasificaban hasta el sector de ficción, para colocarlas en sus respectivos estantes. Cada portada me revolucionaba, señalaba un mundo en el que debía ingresar tan pronto me fuera posible. ¿Cómo decidirse? Se trataba de la época de correr de un camino a otro, incursionando, tomando desvíos. Algunas veces se tornaba más fácil leer *sobre* libros, seguir a los críticos y ensayistas. Ellos indicaban el camino hacia otros escritores y otros libros. Solía escribir nombres, recabar listas, buscar secuencias. Más frustración. Pero en todo ese tiempo prevalecía la idea de genialidad. La novela como la suma de experiencia, la exploración de la experiencia. Qué diferente se ve todo cuatro décadas después, qué degradación parece haber sufrido el género. Ahora es una discusión básica vía internet: ¿está muerta la novela? Por supuesto que no lo está, y *sí*, árbitros sabios ya escribían acerca de su deceso con su pluma sobre el papel. Pero también es cierto que las cosas han cambiado, el mundo es diferente.

Podría ser que la novela permanezca, pero como una especie de constante reducida −sobreviviente, como decía Auden de la poesía, "en el valle de su decir"−; ciertos temperamentos se sentirán atraídos por la creación de estos artefactos de la imaginación, y otros los buscarán debido a que otorgan placer, transportación y, quizás, incluso, una especie de sabiduría. Sin embargo, esto me hace pensar en un contexto más amplio. Quiero decir: ¿leer novelas significa de una manera, cuando la forma es vista como saludable, un activo cultural rico y privilegiado, y de otra, cuando se la considera marginal, un deporte minoritario? Cada vez más nos encontramos ante la segunda situación. Las noticias sobre literatura en estos días son deprimentes: cada vez hay menos lectores, menos interés y aptitudes entre los jóvenes, secciones cada vez más reducidas de crítica literaria, menos compromiso con obras de audiencia limitada por parte de los editores comerciales. ¿De qué manera todo esto podría no afectar a la lectura en sí misma? Es casi como si el ojo tuviese que leer enfrentado a una inmensa resistencia, como si la imaginación no se involucrara de manera tan dispuesta o vívida. La manera en que vivimos, cómo nos ocupamos de nuestra cotidianeidad, muy probablemente modifica el encuentro.

Ayer terminé de leer *2666* y necesito detenerme y conmemorar, no solo debido a la extensión del libro y el compromiso que demandó, sino porque terminarlo realmente me pareció una despedida. También existe el hecho evidente de que había sido liberado el impulso primario. El libro termina cuando ya no queda nada desconocido por transitar, nada queda irresuelto, al menos en función del conjunto de personas y premisas dadas. Lo que primeramente había parecido un inmenso campo de posibilidades −sin un fin para las direcciones que podían tomar los acontecimientos, para las sorpresas que podían revelar los personajes−, poco a poco, página a página, se fue reduciendo, aunque nunca de manera drástica. Estuve leyendo hasta el final con una sensación de inminente y grandiosa revelación. Tantos movimientos narrativos se habían establecido codo a codo, con todas sus posibles implicancias aún resonando, esperando cualquier forma que su yuxtaposición definitiva pudiera tomar. A medida que nos acercamos al final de la novela queda muchísimo pendiente; sabemos que, hasta leer las últimas palabras, todo es pasible de algún revés o revelación última. Y luego se llega al final, y el campo abierto de opciones se reduce al desenlace único, inevitable... un movimiento de grandiosa e implícita profundidad, cualquiera sea la situación específica que la trama en sí misma ofrezca. Este hecho resolutivo genera gran parte de la descompresión por haber terminado. Cuanto más hubo en juego, con mayor intensidad el lector registra el derrumbe de las posibilidades.

Y luego, por supuesto, está la abrupta cancelación del mundo. Culmina un escenario que ha sido más o menos intenso a la vista; reciben su "sentencia de muerte" los personajes que han adquirido cierta representación virtual, las palabras que nos resumen sus vidas, ya sea por su muerte o por alguna sugerencia del camino que pueda tomar su continuidad presumible. La pantalla queda en blanco. Se cierra el grifo del lenguaje que nos ha penetrado en mayor o menor medida.

Atención y concentración. No solo la atención requerida por la disciplina de las palabras utilizadas de forma artística y con un fin, sino la *medida* de la atención como el producto de la prosa. Una pintura bien ejecutada guía la mirada, conduce el avance de elemento tras elemento, moviéndonos en etapas hacia el efecto general último. Una novela —o quizás otro tipo de escrito— hace lo mismo, excepto que es el lenguaje, y no una línea, quien está conduciendo, y la mirada mental se mueve al unísono. El control que ejerce un escritor es absoluto. El lector reemplaza sus pensamientos y percepciones por los que están en las páginas, y si el escritor decide que describirá un perro que corre por un campo durante tres o cuatro párrafos, el lector debe seguirlo o detenerse. O –y supongo que esto es más común que lo que un lector hiperconsciente como yo se permitiría– decide ojear: mira las palabras solo lo suficiente como para captar el sentido general de "perro corriendo por un campo" y proseguir. No se trata de leer, no puede valer como tal, y es lo que todo escritor teme: que el sentido y el estilo no sean suficientes, que el juicio final –abandonar, o bien, ojear– será emitido. El escritor siempre está cortejando la atención del lector, haciendo cualquier movimiento que crea que traerá su mirada con mayor intensidad. Semejante atención. Pero la atención siempre está en conflicto con la tiranía silenciosa más profunda, la necesidad insistente de reivindicar el yo oración tras oración –si no es el yo directo, autobiográfico, entonces es el representado por pensamientos, apreciaciones, usos del lenguaje–. Seducción. Cortejo. El deseo –la necesidad– de ocupar otra mente, otras mentes, de pasar a residir dentro de una persona del modo en que los mejores escritores han pasado a residir en el propio yo de cada uno. ¿Hay algo más insidioso? ¿Cuán diferente es de lo que espera un amante del otro?, estar en sus pensamientos en todo momento; un momento en el que no se es pensado es un momento de no ser.

Cuando veo a una persona sentada tranquilamente con un libro, ensimismada por completo, siento envidia –envidia que no siento si veo a alguien realizando una actividad física o felizmente ebrio–. Debe ser porque pienso que esa persona debe estar por develar algún secreto, realizar algún descubrimiento significativo respecto de la vida que se me sigue escapando pero que imagino puede encontrarse en alguna página del libro adecuado.

Debería decir "de la novela adecuada". No siento la misma envidia respecto de quien se adentra en *La crítica de la razón pura*, de Kant, o en algún texto de Lévi-Strauss. Me provoca la idea de una transferencia de imaginación, un salto exitoso hacia un mundo lingüístico entero. Podría estar acosando a mi *yo* más joven y soñador... por su susceptibilidad, su posesión de un sentido de futuro aún sin concesiones, uno que era prometedor debido a la literatura. Primero, leyéndolo, y luego por la idea de que yo podría *escribirlo*. Me reconecto con mi recuerdo del paseo que hice, cuando vi el conejo impulsado por el movimiento y me di cuenta de que la realización completa, el secreto de ese conejo en aquel momento se encontraba en la representación del artista. Porque solo allí se encuentra la concentración necesaria para el suceso; el resto de la vida es un mero transcurrir, un picoteo de la riqueza. Supongo, entonces, que envidio a la lectora absolutamente inmersa en una novela porque creo que puede estar en ese estado de conectividad extasiada.

Me encuentro envuelto en un intercambio público en línea. Un experto digital me escribe, tajante: "Usted pregunta: '¿Dónde estoy cuando me encuentro inmerso en un libro?'. Bueno, he aquí la respuesta: está en el ciberespacio".

Esto me hace saltar de la silla. ¿Estoy en el *ciberespacio* cuando leo? ¡Rechazo esa idea! Mi premisa esencial es exactamente la opuesta, y la manera en que reaccioné me lo confirmó. Este es el resumen de todo lo que he estado afirmando: que el ciberespacio y el espacio de lectura son estados opuestos. El ciberespacio es centrífugo y la lectura, centrípeta. El ciberespacio es intransitivo y la lectura, transitiva. Y aquí no me refiero al picoteo de la pantalla, sino a una lectura de algún modo más especializado, restringido. La lectura literaria. La lectura vista como una manera particular de comunión, entendida como un acto de imaginación, no de información. *La guerra y la paz*, por ejemplo, como lo contrario de *El gen egoísta* o una guía de viajes de Escocia. No estoy puntuando un libro por sobre otros, sino señalando una mera diferencia. Cuando uno lee para contemplar está entrando en un entorno que no tiene nada que ver con la zona de información ilimitada que es el ciberespacio, que en todo momento se experimenta como un primer plano de inmediatez —la especificidad de lo leído, el enlace que se siguió— contra un trasfondo de potencialidad infinita. El primer plano puede corresponder a lo que hacemos al leer un libro, pero el trasfondo, que no puede dejarse de lado o diferenciarse, define la experiencia.

Cuando estoy en línea, me configuro con un alto sentido de potencialidad, y psicológicamente estoy fragmentado. Avanzo a través de cualquier texto que tenga frente a mí mientras incluyo no solo la indeterminación de lo que aparezca en la página, sino también la idea del todo, la adyacencia de toda la información. Más allá de lo determinado que esté para enfocarme en la tarea a mano, estoy obsesionado por esa idea. Que difiere de lo que podría experimentar sentado en una silla de la biblioteca, sabiendo que me encuentro en medio de tres pisos de estanterías. La diferencia radica en el grado percibido de permeabilidad, con la inminencia de los vínculos, y resulta inmensa.

Frente a una pantalla, me siento disperso, difuso, porque esa es la manera en que mi mente, mi psiquis, reacciona frente a la tecnología, al espacio de información. No puedo controlarlo. Pero cuando escucho a las personas que, según dicen, siempre han sido lectoras quejarse de que ahora les parece más difícil que nunca permanecer en un libro —estas confesiones constituyen un subgénero entero de conversaciones nocturnas—, lo tomo como una prueba. La exposición a estructuras intransitivas de ciberespacio *comienza* a afectar nuestras respuestas, nuestra cognición, cuando *no* estamos en línea. *Estamos* siendo modificados neuronalmente. Esta modificación no es lo que quiero para mí. Por la razón que sea, pongo el máximo valor subjetivo en la concentración o el foco, en la capacidad de prolongar un pensamiento, de retener una percepción hasta que sus repercusiones se me revelen con claridad. Aprecio la sensación de habitar mis fronteras autodefinidas como un *yo* particular. No quiero nada más que apoderarme de la singularidad y de las consecuencias de mi experiencia. Y sí, temo que la firme fuerza centrífuga de internet me ofusque, haga que mi claridad subjetiva sea cada vez más difícil de lograr.

Es cierto, una buena novela también me aleja de mí mismo. Pero lo hace de un modo completamente diferente. La novela me dirige contra, o hacia, una otredad totalmente imaginada. Una otredad única —transitiva—. Leo sobre el príncipe Andrés que murió en el campo de batalla y soy conducido hacia una aspereza dentro de mí. Me es dada una medida específica de experiencia y la porto junto con la mía, y cuando señalo la página y cierro las cubiertas, estoy tan repleto de mi propia y singular sensación de existir como jamás he estado. No he encontrado esto —ni siquiera una pizca— en mis lecturas en línea. El primer encuentro como lector me dirige hacia mí, el otro me envía hacia afuera en espirales crecientes. El último no siempre es desagradable, pero sencillamente no es gratificante en términos de estas máximas que invoco para mí mismo.

Leer de un iPad o Kindle por supuesto que es diferente del picoteo en línea que muchos hacemos a diario a través de nuestras pantallas de la computadora. Ocurre en un espacio intermedio entre la inmovilidad sin salida de la hoja impresa y la conectividad dinámica de internet. La experiencia sigue siendo más próxima a la del libro, al ofrecer un tipo de acceso iluminado al texto, pero no se puede negar que los propios lectores electrónicos son parte del género de internet. Realizan diversas opciones de búsqueda estándar, permiten ordenar más textos y otorgan la innegable sensación de que nos invade un mundo cada vez más extenso (a través de la imagen, el sonido, los enlaces) —exactamente a lo que se oponía de manera implícita Emily Dickinson con su "fragata" en el libro físico—. El asunto de estas diversas opciones de lectura no es con qué efectividad pueden entregar un texto, sino los grados de atención que permiten o desalientan. El tema es sencillo. Incorporamos lenguaje en diversos niveles de resolución. Cuanto mayor sea la demanda de nuestra atención y más cosas nos dividan de la expresión, más débil será la señal. Las aptitudes para multitareas sencillamente no son aplicables a la lectura.

Mi lectura de *2666* me introdujo en una percepción más amplia de la dinámica de las relaciones literarias desafiantes en la primera parte, y en una sensación más refinada sobre cómo la bancarrota emocional puede llevar a la desesperación, en la segunda; y —espantosamente— en una inmersión presencial en el frío sadismo de una serie de ataques sexuales, y mucho más. Cada sección se volvía una parte de mi estado interior mientras me ocupaba de otros asuntos. Si no estaba pensando directamente en escenas del libro, estaban allí, habían quedado a un lado haciendo presión, condicionando mi conciencia. Y en realidad creo que esta última consecuencia está más cerca de la respuesta a la vieja pregunta sobre el valor de leer novelas. En mi opinión, no se trata tanto de encontrarse con una situación o perspectiva temática, que afecta directamente a quién soy y qué sé —del estilo: *hasta ahora no tenía idea de la magnitud de la crueldad humana o ¿existe un vínculo entre la agresión colectiva como en la guerra y la violencia privada que una persona puede infligir a otra?*—.

No, diría más bien que estar en el escudo magnético básico de una obra poderosa crea una especie de segunda conciencia resonante —la conciencia del libro— que afecta todo durante un tiempo. Entonces, me encuentro en una tienda comprándole galletas a una cajera adolescente, teniendo el encuentro más superficial, pero al verla tomar el paquete con una tenaza, tengo una visión momentánea de las descripciones de Bolaño sobre cómo el cuerpo de una víctima, el cuerpo de una joven mujer fue encontrado, y mientras le pago a la muchacha, la miro y pienso —por más obvio que pueda ser— cuán infinitamente preciada es cada vida y cuán porfiadamente vivimos frente a potenciales amenazas. Y pienso qué disociación abyecta —impensable—, qué *odio* debe existir en una persona capaz de cualquier ataque contra otra, ni qué hablar de un asesinato. Y continúo pensando, ya de vuelta en el automóvil, en los motivos del odio, si verdaderamente puede originarse en heridas específicas y en formas de abandono, o si —mis pensamientos se concatenan— lo que denominamos "maldad" es de hecho una realidad, y si no seremos tontos, como cultura secular, al pensar que no lo es… excepto —otro salto mental— en la medida en que descarguemos la idea en espectáculos comercialmente lucrativos. Todo este rumiar, sus secuencias tan conocidas para mí, fueron, efectivamente, engendradas por mi lectura. Sugieren la naturaleza de las huellas que han dejado en mí aquellas horas de dar vuelta las páginas. Sin embargo, muy poco de esto viene directamente de Bolaño.

El valor de leer, al menos de leer una obra que nos interpela al punto de penetrarnos, de permanecer en la mente más allá del momento de absorción, es que mantiene en alerta la sensibilidad interna; coloca un nuevo marco de prueba a situaciones con las que nos topamos. Se convierte en una coyuntura activa entre nuestro *yo* que actúa y el que procesa, una invitación a triangular entre lo que es imaginado y lo que simplemente *es*.

Quiere encontrarte

En algún lado subrayé, y luego olvidé guardar, una cita de una línea relacionada con lo que pienso que es una temática de especial interés: el funcionamiento de las coincidencias en el acto de la composición, cómo es que la cosa deseada —una cita, una referencia— suele darme una palmada en el hombro justo cuando estoy más dispuesto a que ello suceda. Ojalá me hubiera tomado los pocos segundos necesarios para escribirla, en lugar de haber confiado en que sería capaz de recuperarla cuando la precisara. Es decir, *ahora*. ¿Y acaso esto no es una contradicción llana de exactamente lo que estoy tratando de decir? ¿Dónde *está* lo que necesito, mi cita? Todo tiene tanto que ver con la memoria… o más bien con sus intermitencias. Proust escribió sobre las "intermitencias del corazón" (fue una de sus grandes temáticas). Yo debería elaborar el corolario: las de la mente, ya que sin dudas existen y están volviéndose cada vez más intermitentes todo el tiempo.

¿Será que el cerebro, el motor neuronal de la mente, está cambiando a medida que envejezco (seguro que lo está), o que la ecología de los procesos mentales ha sido alterada debido a décadas y décadas de aportes? ¿Acaso tiene sentido comparar lo que recuerdo de mi condición mental a los veintitantos años —mi capacidad de sostener pensamientos secuenciales, de recuperar información importante— con mi estado actual? Los puntos de comparación son demasiado inestables. Por un lado, el contenido disponible incorporado de diversas fuentes ha aumentado en dimensiones incalculables. Por otro lado, he desviado mi pensamiento, sé que lo he hecho, para adecuarlo a mi vida, a mi comprensión de cómo funciona la experiencia. Hace muchos años, comencé a alejarme de la idea de que leer tenía por objetivo abastecer la mente, adquirir grandes cantidades de conocimiento. En cambio, me he movido a una especie de modelo de "desarrollo", colocando las conexiones y el destilado de implicancias por delante de la acumulación de perspectivas. En muchos sentidos, he pasado a confiar más en mi propia mente y mis propias ideas, al menos en lo que respecta a dichas conexiones e ideas. También he hecho un lugar para la elaboración de lo que parecen coincidencias.

La cita en cuestión era una afirmación de que *lo que sea que estés buscando te está buscando a ti*, lo cual es totalmente absurdo desde un punto de vista lógico —no se sabe que la información posea voluntad—, pero me resultó atractiva porque aborda exactamente la *sensación* de ciertos momentos. Y cuando uno está escribiendo, una buena parte, incluso del proyecto más racional, es conducida por una gran corriente de aire de impulso compositivo, una sensación alimentada tanto por un deseo oscuro como por otras decisiones más objetivas.

Comienzo de soslayo porque quiero llegar a la secuencia por la cual cierta noción llegó a mí, una que parecía importante, pero que también ratificó algo en mí por su modo de arribar, su lugar en la senda de pensamientos e intenciones en cuya negociación yo estaba participando erráticamente. Sí, esta es (al menos en parte) otra historia introspectiva sobre su propia escritura, y la introspección sí que tiene sus usos, uno de los cuales es subrayar cómo la mente realiza su trabajo. Había estado pensando y repensando durante algunas semanas, tratando de reunir diversas nociones, pero ninguna estrategia había funcionado realmente. Me había propuesto seguir una línea de pensamiento tras otra, a la espera del hermoso momento en que las hebras independientes se entrelazaran de manera orgánica, pero nada sucedió. Supe entonces que en parte tenía que ver con el tono.

Es una especie de ley para mí: sin tono no hay amalgama. Las ideas que se fuerzan a entrar en contacto solo mediante sus conexiones aparentemente racionales son como esos espantosos juguetes de encastre con los que nunca me llevé bien, en donde la pieza a clavar se une al conector, que tiene alguna forma perforada para unirse a otra pieza. La llegada del tono, mientras tanto, es un acto como el de la glándula salival, una suerte de preanuncio que hace el inconsciente de que los ingredientes cognitivos se han encontrado y comienzan a interactuar.

Confío en el tono a medida que escribo. Una idea en sí misma puede parecer inteligente y sin embargo no conducir a ningún lado, mientras que el sonido y la cadencia adecuados casi siempre comienzan a permitir avances en la página. El tono, el sentido que tengo de las palabras que resuenan juntas de una manera que reconozco, eso siente como *yo*, es la prueba de que yo estoy atrás, prueba de que esos pensamientos, ideas, conceptos han pasado de ser una mera formulación mental —y uno puede formular casi cualquier cosa— a ser *mi* formulación mental; de que han encontrado las palabras, los ritmos y las inflexiones que los hacen míos. Ya no son más simplemente propiedad pública.

Entonces, había estado cavilando a través de diversos caminos, aunque ahora no es sencillo exponerlos por separado. Sé que hubo una determinación de larga data de escribir sobre la imaginación. La imaginación, he venido pensando durante años, no es de ninguna manera una constante personal o cultural y podría ser que estuviera en decadencia —allí afuera, en el mundo, y también aquí, en *mí*—. Y relaciono esto con el florecimiento de las tecnologías de la información, con la invasión del entretenimiento, y hasta escribiré junto a esa palabra clave —*imaginación*— algunas otras, como *Xbox* u *On demand*.

Otro hilo adyacente es la muy comentada erosión de lo que había sido una frontera sacrosanta entre la ficción y la no ficción —ahora se escucha cada vez más el argumento de que las distinciones son irrelevantes, que la ficción ha estado cediendo terreno a la no ficción desde hace décadas—. ¿Por qué esto, por qué ahora? El asunto, o la pregunta, parece tener mucho que ver con la imaginación, cómo consideramos lo denominado *real* como algo diferente de lo inventado —de qué manera nuestra visión cambia constantemente por la exposición a los medios y los avances de la simulación—.

Por último, estaba la gran constante que es para mí el tema originario: leer. No importa cuánto haya escrito sobre esto, aún nunca he podido, a mi completa satisfacción, dar cuenta de qué hacemos, qué pasa por nuestras mentes cuando utilizamos las palabras —de ficción o no ficción— de otro, o cuál podría ser el valor del acto de leer aparte del valor del contenido incorporado. Estas preguntas me vienen resultando cada vez más urgentes a medida que los dispositivos de lectura con pantallas continúan suplantando a la familiar hoja de papel.

Aquí había tres cosas, cada una de ellas con diversos subtemas, que ejercían presión, mofándose de mí con las posibilidades de sus vínculos, cómo uno puede informar sobre los otros. Pero, como digo, no había hasta ese momento tono, un ingrediente unificador. Esperé, tomé mis notas azarosas, pero fue cuando comencé a releer la novela de Siegfried Lenz *Lección de alemán* que sentí que daba un gran paso hacia adelanteasdasdasdaunque, sinceramente, dar semejante paso no había sido mi intención cuando tomé el libro.— Esa acción fue la primera distracción.

El motivo por el cual volví a la novela de Lenz, que en mis veintipico había leído —y amado—, fue porque un amigo que se iba de vacaciones por una semana me preguntó (tenemos la tradición de hacernos esta pregunta uno al otro) qué pensaba que debía leer. Siempre es una pregunta interesante que se vuelve más interesante año tras año, ya que hemos superado con amplitud la pura recomendación de novelas favoritas. No, en la actualidad el asunto demanda cierto salto empático de fe y un proceso bastante complejo de adivinación. Y, por supuesto, está la presunción no tan liviana en cualquier propuesta de lo que pensamos que alguien *debería* leer, basada en la estimación que cada individuo hace de la personalidad del otro. Fue a través de un cálculo bizantino que se me ocurrió Lenz. No tengo idea de por qué me vino a la mente —la novela había sobrevivido para mí en especial como una atmósfera, un conjunto de recuerdos de lectura difusos—, pero en lugar de hacerme cuestionar la elección, misteriosamente la confirmó. Mi amigo, quien al menos fingió ser sugestionable, me agradeció y me escribió que estaba "encargándose".

El giro allí se dio cuando me desperté al día siguiente con un gran deseo de releer *Lección de alemán*. Lo cual, por supuesto, me hizo pensar. ¿En realidad sería que yo ansiaba leer el libro y utilicé la consulta de mi amigo como excusa? No tiene importancia; a los pocos minutos de haberme despertado, estaba abajo buscando sin desacierto en el lugar exacto de la biblioteca en donde la novela me esperaba. Dos cosas se unieron al estirar el brazo: el libro y el enorme deseo, sin mucha explicación, de estar leyéndolo. Apareció una ráfaga de humo mágico. Luego de treinta y tantos años de tener el libro al alcance de la mano, no podía esperar. Y estoy leyéndolo ahora, en el mismo período (es decir, el mismo estado mental) en que escribo esto. Todavía no llego a la mitad, pero sí estoy inmerso por completo. La trama, la prosa y, claro, la atmósfera; la combinación se siente justa. En un momento de mi vida en que esto es muy poco frecuente, cuando siento que mi *yo* lector se encuentra amenazado, encuentro una justificación.

Aquí debería reconocer, admitir que mi interés en el asunto de la ficción/no ficción no es meramente académico, con independencia de que las fronteras alguna vez sagradas entre los dos géneros se encuentren muy erosionadas, si no inútiles. No, yo también he sentido el pulso del cambio en muchos flancos —literarios y personales— y no pienso que *solo* sea porque estoy envejeciendo, aunque me doy cuenta de que es un factor que cada vez está más presente en estos días. (De hecho, uno de los signos de estar envejeciendo bien podría ser ese incesante autocontrol.) Pero como he señalado muchas veces, está haciéndose cada vez más difícil recuperar lo que alguna vez fue casi algo que descontaba: la capacidad de abrir un libro y, al hacerlo, lograr el temporario, pero placenteramente confiable, desvanecimiento del mundo que me rodea. El hecho de que esta inmersión pase cada vez con menos frecuencia es muy fastidioso. ¿Habré consumido todos los mejores libros, agotado mis vehículos? ¿O la realidad, toda esa inmediación fáctica que me rodea, me está superando, nos está superando a todos, y sencillamente se está volviendo cada vez más difícil retraerse? ¿O será que las facultades realmente cambian a medida que uno envejece, pierden agilidad, por lo que ya no ejerce su poder el "había una vez" o su refinado equivalente literario?

A medida que leía y sentía la antigua sensación –tan ausente de mi vida lectora profesional, en la que procedo con lápiz en mano y en donde gran porción de la ingesta tiene la forma de ensayos estudiantiles y entregas para publicaciones–, me invadía una esperanza que fue dando saltos sobre su causa inmediata. No solo me encontraba a mí mismo inmerso en la vida en tiempos de guerra de una familia que vivía en la costa noreste de Alemania –el bellísimo entretejido de la novela–, sino que sentía como si estuviera al mismo tiempo trabajando con un nudo obstinado (trabajando, trabajando) que se iba aflojando a medida que pasaba las páginas.

Mejor aún, sentía la necesidad de escribir. Aunque no había tomado *Lección de alemán* por ese motivo, leerlo de algún modo me dio el ímpetu que buscaba; fue, como por milagro, el lugar en donde convergieron mis diversas preocupaciones. Pero, ¿qué decir? ¿Cómo podría convertir esto, utilizarlo? Porque creo que todos los escritores son oportunistas y, también, muchos nos sentimos culpables por eso. Siempre estamos intentando tener nuestras experiencias puras, inmediatas, mientras que al mismo tiempo, quizás de modo encubierto, las evaluamos para ver qué posibilidades tienen. Probamos el tejido con nuestras sutiles yemas de los dedos, mordemos la moneda para ver si verdaderamente es de oro. Sentimos culpa porque nuestra conciencia examinadora nos aleja de la autenticidad del acontecimiento, que es la paradoja mortal, ya que en una posterior escritura al respecto −si la hubiera−, a menudo anhelamos proyectar la ilusión de una inmediatez sin mediaciones.

Estaba, entonces, por un lado, haciendo fuerza hacia la inmersión más pura y completa que pudiera lograr, intentando alcanzar la suspensión absoluta que caracterizó la lectura que por primera vez me atrapó, pero por otro lado también era consciente de ese oportunismo astuto e imposible de erradicar, de mi mente anotando los cambios en su propio imbuimiento, aun cuando tal conciencia, al estilo Heisenberg, alteraba los resultados del experimento. Por supuesto, si me encontrara completamente fusionado con el mundo creado por Lenz, no podría registrarlo. Pero rara vez somos capaces de *tanto* como lectores.

Aun así, yo estaba absolutamente inmerso, leyendo a través de lo que parecía ser una extraña complejidad, no solo con la atención puesta en la narrativa, sino también reconociendo que estas diversas ideas de algún modo estaban tomando forma; también, a través de cientos de tenues cabos luminosos, estaba contactándome con mi *yo* lector de hacía mucho tiempo. No por los recuerdos de la narrativa que se desplegaba −aunque tuve algunos de ellos−, sino más bien al refrescar sensaciones que recordaba. Un párrafo, una descripción que probablemente me había afectado treinta años atrás, lo estaba haciendo de nuevo, no solo por generar su particular reacción interna, sino también por recordarme que antes me había movilizado experimentar esa reacción (si no idéntica al menos similar). Allí hubo una autoapropiación misteriosa, una confirmación de mi propia continuidad que me permitió insistir −aunque nadie me estuviera desafiando− en que lo que estaba haciendo no se trataba de un escapismo improductivo, sino de un trabajo humano honesto. Y −*lo sentía así*− estaba cada vez más cerca de ser capaz de escribir sobre todos los temas que me tenían tan pensativo.

Pero, lamentablemente, no ocurriría aún. Todavía existía la necesidad de un destello provocador. No es suficiente contar con la cadena de conexiones, la sensación de cómo esto se relaciona con aquello, estos dos o tres pensamientos que crean una secuencia, que también se percibe como una forma, una especie de capullo con algo que se sacude en su interior. También debo ir de A a B, del impulso a la expresión. Y sí, aquí *es* donde empecé: la convicción de que, lo que sea que esté buscando, también de algún modo eso me está buscando a mí —una especie de misterioso y espinoso entusiasmo—. Esta vez llegó en un momento de nerviosa improductividad. Ya había abierto un archivo en la computadora, le había dado el nombre de "Intro" a una página en blanco y... y como luego me entregué a la espera, probando a ver si cualquier imagen o frase podía anunciarse a sí misma, decidí procrastinar, visitar algunas de las paradas diarias de mi recorrido en línea. Me detuve en diversos sitios "literarios" —el blog del *Paris Review*, la columna de crítica literaria del *New Yorker* (*Page-Turner*), *Los Angeles Review of Books*— y también visité *Slate*, en donde encontré publicaciones nuevas.

Aún explorando, hice clic en una crítica de *Slate* de una nueva colección de ensayos de Nicholson Baker. En realidad, lo único que hacía era desplazarme hacia abajo, tropezando mi vista al pasar de un modo tan cercano a no leer en absoluto como cualquier mirada superficial de palabras, pero de alguna manera lo encontré. Podría haberlo pasado por alto fácilmente, pero por alguna razón no ocurrió. Leí: "En todo esto se halla el sabor de una de las autoras favoritas de Baker, Iris Murdoch, quien centró su filosofía moral en la idea de 'atención amorosa' —la idea de que mirar a una persona o situación con muchísimo cuidado y compasión imaginativa es, en sus palabras, 'el signo característico y adecuado de la potestad moral'—. Las cariñosamente precisas descripciones que ofrece Baker de incluso las cosas más efímeras con las que se topa son un modo de hacerles justicia".

Díganme, ¿cómo funciona esto? ¿Qué hay en las intenciones de la mente, en el avance de alguna reflexión del momento, que permite que una frase se destaque y, en esa fracción de segundo –que es todo lo que se necesita–, se cree la convicción de que eso era lo que se estaba buscando? Aquí (me aventuro a decirlo en retrospectiva) fue la proximidad de dos palabras, su combinación, lo suficientemente sorprendente como para detener mi impulso. Registré el destello de insinuación. Y realmente quiero comprender: ¿cómo leemos las insinuaciones con tan rápida certeza? Lo que sí sé es que las palabras *atención* y *moral* vinieron juntas hacia mí con una inmediatez eléctrica. Lanzaron una chispa que convirtió la acumulación de mis ideas en un incendio momentáneo. Puedo rastrearlo. Lo que pasó fue que escuché el eco de mis ilusiones, una corroboración de mi creencia de larga data de que la lectura seria tiene repercusiones que exceden lo estético e intelectual, que puede ser en sí misma una actividad moral. La idea no era nueva, por supuesto, pero, aunque yo también lo había pensado antes, no la había hecho por completo propia. Que eso –la lectura– no era solo la incorporación de contenidos, sino también conferirle una profunda atención.

Atención. Un tema hermoso. Fue Simone Weil quien, en su ensayo "Atención y voluntad", escribió: "Debemos intentar curar nuestras faltas mediante la atención y no la voluntad". Y "La extrema atención es lo que constituye la facultad creativa en el hombre". Las citas manifiestan una comprensión asombrosa. Es cierto que Weil está conceptualizando su ensayo en términos que en última instancia son religiosos, pero para mí eso no modifica el significado más amplio. Afectado por la presión epigramática, comienzo a considerar qué es la atención y cómo se relaciona, en Weil con la fe, y en Murdoch con la moralidad. Y luego, extiendo más aún el cuestionamiento: ¿qué tiene que ver todo esto con la novela y con la imaginación?

En ese momento todas estas cosas se correspondían. No solo la imaginación estaba menguando, en riesgo, sino también esta otra facultad. La imaginación está vinculada con la atención de maneras complejas, es por sí misma una *especie* de atención. Aunque la pregunta bien podría formularse: ¿cuál está primero? ¿La atención convoca a la imaginación —funciona como una condición previa— o es al revés, o simplemente son simbióticas? Al mismo tiempo, comencé a preguntarme si el foco que aplicamos al aspecto no ficcional de la realidad, lo llamado *real*, es en cierto modo distinto del que usamos para la ficción. Ambas, en su resolución más elevada, nos llevan a la esfera de lo moral, pero ¿podría ser que lo hicieran a través de caminos divergentes? Cuando se nos presenta una forma muy armoniosa, cuidadosa y precisa de lo que en realidad existe —en manos de Joseph Mitchell, digamos, o M. F. K. Fisher, George Orwell o Joan Didion o cualquier otro gran ensayista—, nos encontramos con algún aspecto de lo real que ha sido filtrado a través del delicioso velo de la sensibilidad, no solo visto, sino comprendido y luego vuelto a ver y presentado a la luz de esa comprensión. El interés por el tema, la interpretación implícita en la puesta en escena, demandan nuestra atención, nos invitan a considerar cosas que quizás nunca antes hemos considerado.

Una ensayista excepcional confiere estado de real a cada cosa que ella estudia, y al prestar atención al acto de atención de la ensayista completamos un circuito. Aquí, en mi opinión, es cuando entra en juego la lectura (de ficción, así como de no ficción). Me refiero al acto de leer como parte de un proceso que se origina en la inspiración del autor, en su determinación por ver, comprender y reproducir. La obra más deliciosa, profunda y duradera es aquella que se origina en una fresca contemplación y una presentación de su tema. Para que exista dicha frescura y esté disponible para la expresión, debe haber una ruptura de las corazas de la opinión recibida, de los puntos de vista enlatados conocidos y de las interpretaciones cansinas. El mundo, es decir, la parte del mundo que se presenta, ya sea en modo de no ficción o como algo creado, debe digerirse de una forma diferente. Digerirse, procesarse y comprenderse en distintos niveles. Sus elementos no pueden asumirse, sino que deben verse como si fuera la primera vez, deben ser observados, deben convertirse en objetos de atención. Y deben representarse ("re-presentarse") en especie, a través del lenguaje.

Es en el acto de la contemplación pura que veo la conexión con los valores "más elevados": lo moral y lo espiritual. Ya que para enfrentar las cosas como están, ese emprendimiento naturalista al estilo de Thoreau, es para separarlas de antiguas jerarquías. Comprender algo, una situación, de modo diferente es verlo como si tuviera su propia integridad, su propia centralidad. Es un movimiento profundamente democrático que establece una base de conexión y crea empatía, ese "sentir junto con" que nos conduce a nuevas relaciones. Ambos géneros requieren que el escritor "digiera" el mundo, pero el proceso es distinto en cada caso. El ensayista o escritor de memorias, digamos, absorbe el asunto entero a fin de ordenarlo y editarlo –es decir, *interpretarlo*–, mientras que el novelista lo disuelve, en efecto, y utiliza la sustancia para emitir algo diferente. La ficción –lo "real" como inventado–, demanda una especie de atención un tanto diferente por parte del lector, el empleo de otro tipo de energía.

El lector necesita aceptar el mundo creado y sus términos; debe suscribir la premisa. Mientras que la ensayista describe la sala que tuvo ante ella, la novelista crea la sala a partir de lo que sabe. y luego la describe. Podemos contemplar un sillón de pana oscura en las páginas de cada escritora, pero el de la novelista está construido de recuerdos y de la creación nacida en el "hagamos de cuenta"; para que podamos sentarnos en él, figuradamente, debemos generar la fe de que nos sostendrá. Debemos creer en el espacio que ocupa, y en la casa en que se encuentra dicho espacio, y así sucesivamente. El empleo de tal energía, esa fe, es igual a una suerte de proyección moral muy similar a la que empleamos al leer el ensayo, excepto que prolongamos nuestra empatía hacia lo que ha sido completamente imaginado.

Esta es una distinción escurridiza, cuanto más a medida que los escritores de no ficción suelen hacer un uso tan hábil de lo que alguna vez fueron consideradas técnicas ficcionales. El asunto se torna más vago aún al leer a un escritor como W. G. Sebald, quien despliega con tanta astucia una especie de híbrido (al introducir acontecimientos ostensiblemente reales bajo la rúbrica de la ficción) que no puede dejar de producir una suerte de respuesta híbrida en el lector, una sensación muy inquietante de vacilar entre especies de realidades. Pero no deja de ser un vacilar y no una unión; ambos ámbitos no pueden ser asimilados en un tercer estado. No en mi experiencia, por lo menos.

La novela puede estudiarse como el epicentro por excelencia de la atención fabricada. Es el fruto del foco creativo del escritor y el objeto del lector. En el espacio cognitivo y psicológico de la novela, la ambientación, los objetos, las personas y las situaciones humanas son montados de acuerdo con la mirada decididamente selectiva del escritor. En sus páginas todo se despliega en un tiempo que difiere de aquel en el que vivimos. Todo lo que se presenta ha sido concebido con un fin. Pero para ocupar este asombroso espacio virtual precisamos no solo atención, sino también una imaginación *sostenida*. Y ello —y me arriesgaré a una extensa generalización— son los dos atributos humanos que se encuentran más en riesgo. Nuestra vida fragmentada y dispersa está causando estragos en ambos, empujándonos como la ola que todo lo puede a través de estímulos que compiten, por un lado, y ofreciéndonos las representaciones que nos entretienen de modo tan carente de esfuerzo, por el otro, lo cual mina el especial ímpetu proyectivo que da vida a la imaginación.

Mi revelación —no fue la primera vez que la tuve, pero lo olvido— fue que el esfuerzo de esta lectura ociosa y todo menos fortuita no solo fue en gran medida placentero, sino también restaurador. *Lección de alemán* difícilmente sea equiparable a *Ulises*, pero estamos en un mundo libre. Ubicarme de lleno en la obra requiere una producción intensiva de enfoque y energía compasiva —receptiva—. Los personajes establecen sus términos; las situaciones exigen una supervisión psicológica cercana. Lo que el novelista, Lenz, puso en marcha a través de la presión de la imaginación y el oficio disciplinado debe ponerlo en marcha nuevamente el lector. Yo. Me declaré dispuesto. Convoqué la energía necesaria para ingresar en su mundo y luego, darle vida. Pero en lugar de sentir el cansancio que tantos esfuerzos mentales pueden conllevar, me sentí más seguro. Noté que estaba disponible para ciertas ensoñaciones y reflexiones que no siempre se encuentran tan a mano. La compasión por los personajes se tradujo, al menos en el tiempo inmediato, en una mayor compasión. Comprender a su gente en sus situaciones me sensibilizó, generó una sintonía, una atención, que pude trasladar a mi día. Sentí que el tiempo-espacio del libro actuaba sobre mí, aún sabiendo que yo era quien lo hacía real gracias a mi enfoque determinado.

Era conocido, pero igual fue una sorpresa. Aquí se hallaba una experiencia que no había dado por terminada en mis años mozos; me atrevería a decir que había dado forma de maneras significativas a lo que soy. ¿Cómo había permitido que se me escurriera? Debido a incrementos justificables, como tantas otras cosas. Cambiamos, el mundo cambia, nuestros hábitos y expectativas son modificados de manera sutil. Pero nuestra vida también hace trayectorias inesperadas, giramos sobre nosotros mismos sorpresivamente. Para volver a algo es necesario haberse alejado. De esa forma aprendemos, y así lo enseñó Eliot: es al volver a algo que lo vemos, lo conocemos *por primera vez*. No siempre ocurre de este modo, pero es lo que me pasó con estos pensamientos que he reunido y el libro que había estado arrumbado en la biblioteca durante tantos años.

El síndrome Salieri.
Envidia y logros

Fue el rostro de F. Murray Abraham mientras interpretaba a Antonio Salieri en la adaptación fílmica de Miloš Forman del *Amadeus* de Peter Shaffer lo que finalmente me hizo enfurecer. ¿Quién sabía que la envidia tenía tantas caras, que era un tema tan grandioso? ¿Por qué no lo había captado antes? Yo había visto *Amadeus* varias veces a lo largo de los años, pero así es con las películas, con los libros, con *todo* —se precisan los ojos para ver lo que debe verse y que se produzca una revelación—. Mas, aun así, ¿cómo pude haber pensado que era sobre Mozart? *Sobre...* ¿qué significa "sobre"? ¿Centrado en, que ilustra, representa? El Mozart de la película no tiene nada que ver con el Mozart de la imaginación artística o nuestras nociones adquiridas de grandiosidad. Es un saltamontes pequeño y tontuelo, un bufón, a pesar de que se vea que emanan sublimes melodías de cada trazo de su pluma. Está clarísimo que no puede evitar su genialidad; ha estado colmado de ella al igual que un relleno irreprimible. Nunca lo entendí: ¿cómo puede ser que el hombre, el niño-hombre, sea tan tonto? No tenía sentido. Al menos no si *Amadeus* era vista como su película, sobre *él*. Pero la otra noche —llevó tanto tiempo—, entendí que había sido torpe. *Amadeus* se refería a Salieri, de principio a fin, y si Mozart aparecía tan poco halagüeñamente era porque Salieri, tal como lo muestran, lo retrató de ese modo en su rencorosa memoria. El abismo entre la personalidad de Mozart y su virtud fue lo que vio su rival, lo que su furia celosa proyectó.

Esto no es sobre Mozart o la película, sino solo sobre el retrato que Abraham hizo de Salieri, e incluso eso lo estoy usando como una puerta de entrada. Porque en realidad hay apenas un aspecto central del retrato, una emoción dominante —la envidia—, aunque esté fragmentada en innumerables facetas. En su mayoría, la vemos disfrazada o suprimida casi con éxito, porque es impropia, avergonzante, uno de los estados muy humanos que no aceptaría ningún encuadre positivo. Califica, de hecho, como un pecado capital. La envidia es lo que es, todos sabemos lo que es... es *espantosa*. Evidenciar cualquier signo de envidia es rebajarse, punto. Y el único momento de la película en que Abraham como Salieri no está tratando de disfrazar lo que siente, de disimular, es cuando se corta el cuello (en la primera escena de la película). Se ha vuelto loco. Sus sirvientes tiran abajo la puerta y lo encuentran agonizando, rodeado de sangre; se lo llevan —primero, suponemos, a un hospital y luego a un asilo.— Allí, un joven clérigo va a hablar con él. Cuando el joven, que asevera tener alguna familiaridad con la música, no lo reconoce a él ni a su obra, Salieri se lanza sobre su propio relato, una suerte de confesión que se convierte en el material de la narrativa.

Canario. Ese es un código de mi niñez. Cuando alguien de mi familia mostraba de cualquier manera que él o ella tenía celos o envidia de algo que otro tenía, uno indefectiblemente susurraría "canario" como para hincarle un golpe de vergüenza en las costillas. El origen de la referencia es una fotografía vieja y ahora descolorida que fue tomada en un cumpleaños de mi hermana Andra. Acababa de cumplir siete u ocho años y estaba de pie casi en primer plano, rebosante, con los ojos brillosos. Mi madre se inclinaba a su lado y sonreía para la cámara. Directamente frente a mi hermana hallamos el motivo de su felicidad: una jaula con un pequeño canario en su percha. Y allá al fondo, con el ceño fruncido —sin hacer el menor esfuerzo por poner buena cara—, yo.

Mi entrecejo sombrío está allí para que lo interprete cualquiera — una suerte de significante universal de una persona que quiere algo que otra tiene —. Y mientras que podría desdoblarse una narrativa familiar entera de ese pequeño origami visual, no sé cuán preciso podría ser. En la superficie, no hay dudas. La hermana recibió un pájaro, el hermano quiere el pájaro. Pero en realidad, no recuerdo haber tenido una avidez especial por esa criatura en sí misma, el cantor que regurgitaba semillas. Solo recuerdo que cubríamos la jaula con una toalla todas las noches para que no comenzara a hacer ruido por la mañana. No tengo memoria de haber sostenido el ave entre mis manos o resoplar sus plumas; ningún recuerdo para nada, de verdad. Quizás ya sospechaba que no existe un verdadero placer en poseer un pájaro. Creo que más bien yo simplemente *quería*. Si hay una narrativa básica para encontrar, sería esa. Freud escribe en algún lado que la madre de todas las historias es el *fort-da*: *fort* representa el llanto del niño por la pérdida y el anhelo mientras que arroja algún objeto desde su cuna, y *da*, su respuesta satisfecha cuando la cosa le es devuelta. Yo adoptaba la primera parte de la secuencia, el querer, el no tener, al igual que Salieri a lo largo de toda la película. Querer y no conseguir, o querer y no tener —o *casi* tener— podría ser suficiente para una historia. El simple *fort*.

La primera escena en que aparece la envidia es clásica. No puedo imaginarla mejor. Salieri, compositor de la corte del emperador José II, está esperando, junto con el emperador, el maestro de capilla y otros asesores y dignatarios de peluca blanca, la llegada a la corte del prodigioso Mozart. Salieri nunca lo había visto, y antes de la ceremonia lo vemos deambular por las salas repletas de la recepción tratando de imaginar cuál de los dignatarios le parece que podría ser el compositor. Está buscando que coincidan su sentido de la belleza y grandiosidad con la fisonomía adecuada... como si fuera posible tal adecuación, como si un don interior pudiera manifestarse en una nobleza o gracia externa. Pero luego, al ver un despliegue de postres, se desvía hacia una recámara lateral, en donde se vuelve un espectador inconsciente de un juego de "persecución" erótica —un joven bullicioso y de malos modales se escabulle por debajo de una mesa para toquetear a una jovencita regordeta–. El muchacho tiene una risita particularmente chillona.

Por supuesto, el joven demuestra ser... pero no, es más deliciosamente doloroso que eso. Del modo en que ocurre, Salieri ha compuesto una pequeña pieza para que sea interpretada cuando ingrese el distinguido visitante, y el emperador, que fantasea con ser él mismo un pianista, quiere interpretarla personalmente. Tan pronto como anuncian la entrada de Mozart, se dispone a hacerlo –con ciertas dificultades–. Es una refutación perfecta de expectativas en diversos frentes, pero el verdadero objetivo de la escena, el punto crucial psicológico, es que determina el primer golpe decisivo al ego de Salieri, que ya ha demostrado ser un animal egocéntrico y completamente político, un cortesano perfecto de Maquiavelo, que modera cada una de sus opiniones cuando se le pregunta, dando golpes por aquí y por allá con tal de permanecer al lado del emperador. Primero, aparece la revelación obvia (y esperada): Salieri apenas puede esconder su reacción cuando se revela que el gran prodigio no es más que el tontuelo risueño que él había estado espiando. Para agregar ofensas, está el hecho de que el emperador, a quien él había estado cortejando con tanto cuidado, está evidentemente fascinado con la presencia del "genio".

Pero lo mejor llega cuando Salieri, a la pesca de alabanzas, busca presentar a Mozart con la partitura perfectamente envuelta de su pieza. Un momento en extremo incómodo. Mozart no se estira para recibir el regalo y afirma, entre risas, que no tiene necesidad de él porque ya ha memorizado la pieza. *¿Qué?* El emperador es incrédulo. Le resulta imposible, al igual que cualquier demostración de prodigio lo es para alguien que no sea tan dotado. Hace una media sonrisa, seguro de que confirmará su escepticismo, y le ordena: "Muéstreme". Y allí –y ese es el momento de gloria que todos hemos soñado para nosotros mismos, traducido a la situación que sea–, Mozart toma asiento en la pequeña banqueta y reproduce la composición de Salieri con absoluta precisión. Además, lo hace con tanta facilidad, con semejante sugerencia de desdén musical que queda claro para todos que la invención de Salieri es obvia, predecible. La expresión en el rostro de Salieri, aunque disimule, deja en claro la profundidad de la herida, que se vuelve aún más honda cuando Mozart comienza a alterar la melodía, afirmando cosas como "Esto en realidad no funciona aquí, ¿no es cierto?" y "¡Queda mejor así!".

La escena inicial es a la vez una promulgación exhibida de envidia y un allanamiento del camino para el estrepitoso estallido que tendrá lugar poco tiempo después. Mozart ya es compositor de la corte del emperador pero, por más grande que sea el honor, sus finanzas son precarias. Hay una escena en la cual la esposa de Mozart, Constanza —la joven que habíamos visto que Mozart perseguía anteriormente—, visita a Salieri. Lo hace sin que su esposo lo sepa. Parece que él es demasiado orgulloso para solicitar un cargo como tutor de la princesa Isabel de Wurtemberg, pero, como explica Constanza, necesitan el dinero. Tiene consigo un manojo de manuscritos —originales, según se sabe luego— para mostrarle a Salieri. Al tomarlos, al principio le hace gracia a Salieri, despóticamente satisfecho por encontrarse en una posición superior. Pero cuando se detiene a ver —en realidad le da un vistazo— la primera partitura, todo cambia. Podría decirse que la película entera da un giro en ese instante. La belleza ha ingresado en la sala. Ya que de inmediato es evidente para el ojo entrenado de Salieri que esos son signos de genialidad musical. Por un momento vemos éxtasis en su rostro, y luego la bajamar. *Alea jacta est*: la suerte está echada.

No resulta suficiente para los fines de este drama —esta tragedia— que Salieri envidie al joven compositor por sus logros musicales o conquistas en la corte. Para que suban las apuestas, para que emerjan la compasión y el terror absolutos, Salieri también debe sentir la verdadera belleza de la música y reconocer la medida del don que la hace posible. Y exactamente allí se encuentra la tensión: él *puede* captar, y adorar, lo que él mismo no puede crear, por mucho que lo desee. Los registros darán cuenta de ello: el Salieri verdadero distaba mucho de ser un aficionado, él mismo era un compositor importante. Sin embargo, el antihéroe de *Amadeus* no es, y sabe que nunca podrá ser, capaz de escribir las notas de esas páginas. Allí está la tensión; Salieri debe ser lo suficientemente complejo como para amar francamente la música y, al mismo tiempo, envidiar y despreciar a su creador.

Probablemente he confundido los tantos al traer mi episodio del canario, ya que aquí hablo de la envidia artística y no del sinnúmero de otros tipos de codicias. Pero dejaré que permanezca la imagen del niño enfurruñado, aunque solo sea para subrayar que el sentimiento (o estado mental) que estoy explorando, por más elevados que sean los terrenos en donde se encuentre, es en sí mismo muy básico. Lo que sentí aquel día detrás de mi madre y mi hermana es, sospecho, no tan distinto de lo que cualquier artista maduro podría sentir cuando el premio —cualquier premio— es conferido a su rival, o incluso a su compañero.

Aun así, quisiera distinguir, ya que considero que hay diferencias —diferencias importantes— entre la envidia ordinaria y lo que aquí estoy considerando envidia artística. Este tipo de sentimiento —el perro que observa el hueso de otro perro— es el reconocimiento ofensivo de que alguien posee algo que nosotros no tenemos y deseamos, o que puede alcanzar algo que no podemos, pero desearíamos poder, o está recibiendo una recompensa por algo que nosotros mismos podríamos hacer o haber hecho. La envidia ordinaria, me atrevo a decir la envidia *universal*, involucra muchas cosas. Comienza antes de que nos quede chico el corralito para bebés y no estoy seguro de que se detenga. Los rastros se mantienen vívidos. Aún recuerdo la envidia que sentí por el juguete último modelo de un niño y por el cabello de otro; por los abdominales marcados de este y la bonita novia de aquel —y el hecho de que nadaba un estilo mariposa hermoso, o tenía tales amigos, o podía pasar las noches del fin de semana "afuera" sin ningún castigo —. Esa es mi versión del catálogo de las naves de *La Ilíada*. Casi siempre mi envidia radicaba en lo que otro —muchacho— tenía y generalmente se trataba de uno de mi misma edad. No solía envidiar a muchachos más grandes porque entre ellos y yo yacía la sombra de la fantasía, la de que todo aún podía pasar: los abdominales marcados, las mujeres…

Había tantas cosas que yo quería y no tenía, pero eran cosas, cualidades, ejemplos de una extremada buena suerte. Pero creo que nunca quise en verdad *ser* otra persona. No es que no hubiera (en especial en esos primeros años) muchas personas con una abundancia de las cosas más deseables: familias sencillas, hermanos compañeros, atractivo físico, buenos brazos lanzadores, popularidad… pero a pesar de todo eso, no fantaseaba con tener todo lo que tenían, poseer sus vidas enteras. Quería tener lo que tenían, *¡pero seguir siendo yo!* Es bastante obvio, ¿no? No he escrutado a otros acerca de este tema. Pero me parece que desear ser otra persona equivale a desear estar muerto. Para mí, ser Billy Lee o Ted Wilkinson significaría que Sven cesara de existir. No, el sueño era ser yo mismo con la contextura alta y atlética de Billy y la bonita novia de Ted —¡eso!— Pero, esperen… incluso desear esas cosas era desear una muerte parcial, ya que, en caso de tener alguna o ambas, no sería yo mismo, sino la persona así dotada y talentosa. Y por ende —aquí es en donde nos volvemos filósofos—, dejaría de ser la persona que desea y me convertiría en otra.

Me digo a mí mismo que exactamente por esta razón, de semejante entendimiento, he dejado atrás esa especie de envidia básica. En la actualidad, veo que un colega tiene un traje caro y un auto nuevo muy bonito y no siento nada. ¿Planes para viajar al exterior? Genial, digo, pero sin rechinar los dientes. Viajará por el sur de Francia, bien, pero él no sería *yo* viajando allí, entonces, ¿qué me importa? Aunque luego menciona que está por publicarse su ensayo en *Harper's* y…

La envidia artística, mi verdadero tema —¡que llegó tan enrevesadamente!— Pero claro que por eso *Amadeus* me atrapó como lo hizo. No porque lo próximo que haga sea desenmascararme como Salieri, hay graduaciones para todo. Pero tampoco puedo fingir. Tal como existe, o *existió*, el amor que no se atreve a pronunciar su nombre, también existe el otro, no exactamente el término opuesto al amor (aunque en el caso de Salieri se volvió justo esto), sino algo lo bastante poco atractivo como para ser, si no impronunciable, seguro que muy difícil de asumir. ¿Qué puede revelar con mayor rapidez la personalidad defectuosa del artista, del escritor, que confesar envidia por otro escritor? Nuestro oficio se vincula con asuntos profundos y nobles. Así es. Pero ahora, los invito a que intenten encontrar un artista que no posea envidia artística. Si lo encuentran, es probable que hayan encontrado a un genio que nunca ha dudado de sí mismo.

Una vez más, las diferencias están en orden. Una cosa es tener celos o envidia del éxito exteriorizado —cuando otro escritor o escritora publica su trabajo, como el ensayo de mi colega en *Harper's*— y otra, tener esos sentimientos respecto del trabajo en sí mismo. Una exposición o una publicación bien ubicadas equivalen a visibilidad, y en tanto creamos en lo que hacemos, todos esperamos poder compartirlo con el mejor público posible. Esa es la forma en que se completa el circuito. Entonces, cuando veo que alguien ha llegado exactamente a ese lugar, siento el pinchazo de quererlo para mí. Si ese alguien es un escritor que yo conozco, siento un pinchazo extra, uno que rara vez es placentero y es mucho más esperable que esté teñido de un color más oscuro. ¿Querría publicar allí? ¡Sí! ¿Me publicarán allí? No. E incluso si en el pasado hubiera tenido esa buena suerte, o pueda tenerla en el futuro, no está ocurriendo *ahora*. No puede ocurrir, porque le está pasando a otra persona. Deseo su buena fortuna, pero también me esfuerzo por elevarme por sobre dicho deseo. ¿Quiero tener escrito lo que él escribió? Observo mi alma y veo que mayormente —mayormente— no.

Pero utilizo el adverbio *mayormente*. ¿Por qué *mayormente*? ¿Hay alguna trampa, alguna excepción? La hay, pero es engañosa. La excepción es cuando una obra alcanza lo que yo experimento como una belleza artística absoluta. Muy de vez en cuando, ocurre. Me encuentro con las que se perciben al estilo de Coleridge como "las palabras supremas en su orden supremo". Son tan justas que no puedo imaginar que se las mejore, tan justas que las siento cantando a través de mí. No solo debido a una frase u oración, sino a un enunciado extendido, quizás toda una obra. *El gran Gatsby*, *Los muertos* de Joyce, fragmentos de Melville, Woolf... en esos momentos –al igual que cuando Salieri echa un vistazo al manuscrito de Mozart y vemos que cambia por completo– todo puede ocurrir. Entonces, mientras leo, mientras siento la viva presencia de la belleza, quisiera haber sido su autor. Quisiera haber escrito esas palabras y, por ende, por silogismo, quisiera haber sido la persona que las escribió –*malditas sean la tuberculosis y las cárceles para deudores*–. Pero ya no me preocupa que esto signifique que deje de ser yo mismo, porque, ya ven –síganme aquí–, *isí las escribí!* Es decir, son las palabras exactas que yo hubiera escribo sobre ese tema, sea cual fuere, y lo sé por la vibración pura de la resonancia. Eso es lo que da fe de su belleza. En dicha obra, veo a mi *yo* más puro capturado e inmovilizado. Convertirme en la persona que escribió tal prosa, tal poesía, significaría que por fin me he convertido verdaderamente en yo mismo.

Habrá exageración y excesos en lo que sostengo, por supuesto; pero también hay algo de cierto. Al menos en el momento del encuentro completo, de la fusión, la belleza lo devora todo, y tengo la sensación de que nadie jamás ha dicho con tanta claridad cómo son las cosas o quién es uno. En la corriente de tanta exactitud, es posible pensar que la identidad es permeable. *¿De qué otra forma podría sentir algo tan puro, podría algo extraerme tanto de mi vida diaria?* Soy Nabokov, soy Bellow, soy Woolf, soy, vivo o muerto, quien sea que haya escrito ese párrafo perfecto: William Maxwell, John Banville, Shirley Hazzard, James Agee... En ese momento, estoy perfectamente conectado con esa otra mente. Y mi absorción, mi identificación es tan completa, que no me queda nada que pueda registrar envidia o celos.

Pero los encuentros con la belleza son pocos, y el hechizo, por más precioso y confirmatorio que sea, se desvanece. Y cuando sucede, uno está de nuevo en el cotidiano enunciativo, sintiendo la falta, teniendo pensamientos y juicios ajenos no pertinentes, incluso mientras lee, escucha o mira.

No así Antonio Salieri. Lo que otorga a *Amadeus* su impacto no es solo la intensidad de los dichos y las reacciones de Salieri, sino el hecho de que florecen hacia la obsesión más profunda que pueda existir. Desde el comienzo se lo relata como un personaje trágico, capaz de emociones trágicas. Se lo muestra cortando su propio cuello, ¡por Dios! Cuando Mozart se burla de su composición en el primer encuentro está perforado hasta la médula; su arte ha sido expuesto. Del mismo modo, cuando mira las anotaciones en los manuscritos de Mozart, cuando crea esa música en su mente, está sobrepasado. La admiración —el amor— lo atraviesa. Jamás ha habido algo más bello. Durante ese breve instante, Salieri está completo. Lo vemos con claridad en su rostro. No experimenta emociones vengativas, ni angustias de inferioridad, solo lo que Nabokov denominó "arrebato estético". Y en la medida en que dure, él es enteramente su mejor *yo*. Pero luego, como debe suceder, quita su vista de la página. La música se detiene y él está una vez más en lo que ahora sabe más que nunca que es su *yo* probadamente inferior. Él no es, comprende, ningún Mozart —reconocimiento que se torna de manera paradójica más doloroso por el hecho de que Mozart tampoco es ningún Mozart—. El Mozart de la música celestial no guarda relación alguna con el bufón risueño que hace bromas groseras. Lo que Salieri debe tolerar es que Dios —en quien él cree por completo— haya creído pertinente dotar al impío de Mozart con el don de crear belleza y a él, solo con el don secundario, que no es un don en absoluto, de ser capaz de reconocerlo.

La perturbación de Salieri es total y, así, su desesperación. Deben serlo para que Salieri trace su plan y para que el drama se desarrolle con absoluta resonancia trágica. Su plan, para el cual en realidad no hay ningún justificativo histórico, es conseguir que Mozart (a través del artilugio de un misterioso encargo) escriba una misa de réquiem, y luego, cuando la obra esté completa, envenenar a su rival y alcanzar la inmortalidad musical al hacer creer que la misa del prodigio era de su propia autoría.

La película consigue esto de una manera bastante eficaz hacia el final. Mozart, exhausto debido a su trabajo en *La flauta mágica*, colapsa durante una presentación. Salieri, que estaba allí, lo hace llevar de inmediato a su casa. La esposa y el joven hijo del compositor no se encuentran —casualmente—. Y Salieri da comienzo a su plan. Incluso cuando afirma que está cuidando a un delirante Mozart para que se cure, Salieri lo convence de que debe terminar la misa en las siguientes veinticuatro horas si quiere recibir la paga. Mozart, mareado por el esfuerzo, le encomienda el trabajo de transcripción a Salieri. La prolongada escena de la composición durante once horas seguidas está hábilmente orquestada. Mozart dicta con una genialidad inspirada; Salieri lo anota todo *con su propio puño*. En un principio está confabulando, pero —una vez más— vemos cómo la música se adueña de él. Durante largos ratos, está más allá de toda contingencia, de toda trama nefasta. Pero entonces, cuando está a la vista el final de este maratón compositivo, Mozart no puede resistir más y pide un descanso. Salieri casi no soporta detenerse, pero cede al pedido.

¡Qué pena para él! Ya que, mientras que el compositor y el "escriba" están durmiendo, la puerta se abre de golpe. Conducida por un presentimiento, Constanza ha regresado. Y apenas ve el estado de su marido, esconde bajo llave el manuscrito y le ordena a Salieri que se vaya. El hombre está a su lado: solo se precisa un último esfuerzo. Suplica, pero no sirve de nada. En ese momento, muere Mozart. El glorioso motor de belleza de pronto se acalló. El gran réquiem quedó inconcluso y el plan fue frustrado. La apoteosis de Salieri no debe ser.

Su apoteosis: planeó, en efecto, volverse su rival. O, mejor dicho, planeó que lo que era de Mozart fuera visto como *de él*. Tras la muerte de Mozart, el mundo iba a creer no solo que Salieri había escrito la trascendental música de la misa de réquiem entera, sino que, además, lo había hecho en honor a su admirado colega. ¡No pudo ser! Y fue Dios quien lo frustró —eso es lo que afirma Salieri desde el asilo hacia el final de la película—. En lo sucesivo, no sería conocido como un maestro y amigo devoto. En cambio, Dios tuvo en mente que él fuera, tal como les grita a las personas con quienes está internado en el asilo, el "santo patrono de la mediocridad".

Para Salieri (una vez que la belleza ha sido identificada), la mediocridad es todo lo que queda. Así como la mediocridad, lo ordinario, activa lo excepcional, también lo excepcional, lo conseguido, deja ver todo lo demás que es inferior. La belleza declara aquello que puede ser y, por su rareza, desnuda lo que mayormente *es*. Para muchos, esta es una preocupación discutible. De hecho, se sienten elevados cuando se enfrentan a la presencia de una grandiosidad inesperada. Le conceden su atención, sus reverencias. Pero el asunto es diferente para quienes, obedeciendo cualquier impulso, ponen en el centro de sus vidas la creación de belleza, de obras que importen en el máximo nivel,. Para ellos, los artistas, la envidia está en todos lados. Al igual que la "fama" de Milton, es "la última enfermedad de una mente noble".

Salieri y el niño del ceño fruncido frente a la jaula del canario parecieran estar en polos opuestos. Hombre y niño, el artista y el pedestre. Sin embargo, es a través del arrojo familiar de ese "yo" con ceño fruncido que comprendo a Salieri, leo su rostro, siento que sé exactamente qué le ocurre en cada demostración de brillo no impostado de Mozart —"no impostado" porque el genio, y quizás solo él, no tiene necesidad alguna de estar en pose—.

Fue debido al deseo de expresarme y, me gustaría creer, de un sentimiento de belleza, que decidí que quería ser escritor. Ese deseo, no tengo dudas, nació en mí por mi lectura temprana. Si en numerosas ocasiones te sientes atravesado por las palabras de otros, casi es imposible *no* querer escribir. La identificación de las combinaciones de palabras con el placer es demasiado intensa como para ignorarla, o dejarla simplemente bajo la custodia de otros. Entonces, hace años, comenzó mi aprendizaje a través de las oraciones. Recurriendo a mis muchos admirados, buscando "comprenderlo", sin importar qué fuera eso por comprender. Al principio (así lo imagino ahora), fue inocente. La idea de un futuro infinito me impidió que se me antojara lo que otros tenían; habría tiempo. Lo triste es que la sensación de ese futuro sin límites disminuye, aún si las ansias expresivas se mantienen estables, y en donde existe el deseo de escribir —he aquí la maldición—, el otro deseo probablemente también prospere. El que no pronuncia su nombre con tanta facilidad.

Permítanme ahora inventar a Gómez. Gómez, de quien supe hace muchos años cuando daba sus primeros pasos como colega escritor, más o menos contemporáneo mío, haciendo por allí lo que yo hago, en general, en los mismos lugares. Y, por supuesto, seguiríamos encontrándonos en eventos literarios, intercambiando chismes a medida que picoteáramos cuadraditos de queso; incluso a veces nos sentaríamos a la misma mesa con bebidas luego de la lectura de fulano de tal. Gómez, mi *alter ego* literario, mi afín... excepto por el hecho de que, en vez de un solo Gómez, había —hay—,con cierta laxitud respecto de la edad, una docena, quizás más, de escritores que yo conocía y eran miembros de mi generación, quienes en un mal día me desplazarían de algún lugar que yo pensaba debía ser mío, pero a quienes, en un mejor día, quizás yo desplazaría. Por supuesto, yo les seguía el rastro a mis Gómez desde el comienzo, fingiendo desinterés, pero de hecho leyendo sus palabras con un ojo evaluador entusiasta, ya que sabía que si mi trabajo, mi nombre, iba a significar algo, si iba a "pegar" —*perdurar*—, sería en relación con dichos Gómez. Está en la naturaleza de los nombres que permanecen que solo algunos deban permanecer, que pocos finalmente lo hagan, y que un escritor, como cualquier otra persona, sea considerado primero en relación con sus pares.

No recuerdo haber pensado mucho en "perdurar", en ese entonces, y si lo hice seguro que fingí que no me importaba; quizás hasta imaginé que ese tipo de temas ya no era de lo que se trataba la literatura. Pero cuanto más viejo me pongo, más pienso en términos de lo que se ha disipado y lo que no lo ha hecho con el paso del tiempo. La posteridad no requiere que estés allí para verla, ni siquiera lo permite. Entonces, ¿a quién le importa? Ese solía ser mi punto de vista. Pero en algún momento del último tiempo he caído en la cuenta de que no es la posteridad lo que uno disfruta, sino imaginársela. Un triste consuelo, pero preferible a no tener alguno.

En su libro *Enemigos de la promesa*, Cyril Connolly se preguntaba: "¿Qué le habrá ocurrido al mundo dentro de diez años?... ¿A mí? ¿A mis amigos? ¿A los libros que escriben? Sobre todo a los libros, porque, para decirlo de otro modo, tengo una ambición: escribir un libro que continúe vigente diez años después. ¿Y de cuántos podemos decir eso hoy?". Cuando leí esto por primera vez, hace mucho tiempo, pensé *¡qué tonto!* Qué extraño preocuparse por ese tipo de permanencia, "continuar vigente", en un mundo que pareciera mutar lejos de las antiguas estabilidades con cada giro, cambiando los términos de las cosas a diario. Connolly escribió esto en el año 1939. ¿Qué significa ahora? ¿Cómo lo medimos? ¿Consistirá en aparecer en listas de lectura y programas? ¿Que reconozcan el nombre de uno cuando surge en una conversación? ¿Que siquiera aparezca en una conversación? ¿Que impriman el libro de uno? ¿Que lo impriman y se venda? ¿Vender más de cierta cantidad de ejemplares? No sé cuáles de estas cosas importan, pero de alguna manera, a medida que me hago más grande, la idea de que no desaparezca la obra —la idea que es la raíz misma de la ambición— sí importa.

Por supuesto que los Gómez tienen que ver con todo esto. Hasta el último de ellos. Ya que está escrito en la ley de las cosas que adonde sea que gire ahora, adonde sea que mire, habrá un Gómez. Todos hemos saldado nuestras deudas, hemos aportado nuestro tiempo. Ahora no puedo abrir una revista sin que uno u otro —o varios— de mis compañeros literarios me saluden en letra redonda o cursiva. Alguno aparece en la tapa, o bien está recibiendo una crítica con adjetivos entusiastas. Y he aquí la lista de ganadores y de nuevos miembros. No puedo evitar retrotraerme a nuestros días austeros, en que ese mismo Gómez desaliñado hacía una cena de los entremeses. Lo conozco, la conozco, conozco su obra, he estado a su lado y junto al merlot de mala calidad, y cuando se conceden los grandes reconocimientos, se hace difícil no sentir cierta punzada. Quizás no ponga la misma expresión que frente al canario, pero me atraviesa la versión interna –que es la opuesta, lo noto, de la alegría por la desgracia ajena, ese pequeño golpe de gratificación que aparece cuando los adjetivos de esa crítica son menos efusivos, cuando la lista de ganadores de becas o finalistas de premios no incluye a ningún Gómez–. Parece menos importante, entonces, que tampoco me tenga *a mí*.

Pero aquí está el problema. Con todos estos Gómez que trabajan, transpiran, producen, resulta casi inevitable que un Gómez, de vez en cuando, produzca un trabajo de un valor genuino, bello. ¿Cómo no? Algunos de ellos, además de ser ambiciosos, talentosos y capaces, lo son en niveles excepcionales. Y qué tensión genera eso en el observador del Gómez, curiosamente, con una intensidad que parece inversamente proporcional al logro artístico, y luego, incrementada o disminuida según la estima que se le tenga. Cuando digo "inversamente proporcional" quiero decir que me atormenta más leer una obra que pareciera solo un poco más lograda que aquello en lo que estoy trabajando yo mismo y me aflige mucho menos lo que pasa por delante de mí a una gran distancia. Perder frente a un competidor que nos gana por muy poquito hiere mucho más que ser vencido por alguien que posee el viento de los dioses a sus espaldas, ya que este último ha ingresado en un escalafón diferente, al menos con ese desempeño. Y lo mismo ocurre con Gómez cuando escribe la obra maestra. Todo es tan complejo. Cuanto más bello es el arte, menos lo veo como el producto del Gómez que picoteaba quesos y más se vuelve algo sobre sí mismo. Es cierto, al igual que Salieri, me preguntaré: "¿Por qué él, Señor? ¿Por qué no yo?". Pero se trata de un dolor diferente. Tiene más que ver con el Señor que con Gómez. Y parece haber más posibilidades de que aún pueda –en otra oportunidad– tratarse de mí.

Estaría pintando un cuadro muy oscuro si no fuera por el giro final, la feliz mejoría —cuanto menos, temporal.— Que tiene muchísima importancia. No puedo juzgar para nada cuánto de este asunto de escribir que tenga un verdadero valor proviene de la disciplina y el oficio, y cuánto de la suerte o de alguna feliz convergencia entre el impulso y la inspiración. Ya sea la naturaleza o la alimentación, que seamos vasijas o vasallos de algo que está fuera de nuestro control; no lo sé. Solo sé que en aquellas ocasiones dichosas en que siento que sucede, que partes separadas de mí se están unificando, tengo una sensación de atemporalidad perfecta. La inspiración modifica las reglas y hace discutibles todos los temas anteriores. Y en tanto yo esté a su merced, escribiendo frase tras frase, imaginando que estoy haciendo algo que tiene alguna posibilidad de ser una verdadera expresión, algo memorable, nada de lo que mis Gómez hagan o piensen o hayan logrado importa en lo más mínimo. En esos momentos, no hay en mí ninguna pulsión de envidia. El ensimismamiento anula todo lo demás; estoy feliz de encontrarme en las filas de quienes escriben. Y con esto llega la gran aprehensión —tan difícil de alcanzar de otro modo—, de que cuando no estoy trabajando, cuando se me activa el modo Salieri y estoy tan repleto de deseo, no son los Gómez a quienes observo y analizo. Para nada. Lo veo con tanta claridad que me avergüenza. Me he estado mirando a *mí* —no a mi yo cotidiano, sino al otro: al *yo* original, aquel que cuando comencé, tan fresco y experimental, estaba tan seguro de lo que importaba—. Sabía tan poco, es cierto. Pero confiaba. No me importaba un bledo qué andaban haciendo los demás, excepto esos escritores, mis maestros, que eran tan buenos que me dejaban atónito. Todo parecía tan simple: ninguna jaula, ninguna percha, tan solo el maldito canario —yo— trinando.

Ocio

*O*cio, esa palabra hermosa e históricamente agobiante. "Hermosa", porque la infancia es su primer santuario y aun, de alguna manera, es inherente a sus dos sencillas sílabas –y ¿quién de nosotros no se mece hacia su idea, evocando lo que podría ser la vida si aún fuera un juego de apetitos e inclinaciones en lugar del listado de deberes y obligaciones que ocupa nuestra agenda?–; de hecho, ¿acaso sería necesario que lleváramos una agenda?–. "Agobiante", porque la palabra nunca ha dejado de llevar consigo alguna mancha de aquello a lo que se la asocia. Manos *ociosas*, los ricos *ociosos*, la recesión de los trabajadores *ociosos*. El ocio ha sido estigmatizado como lo contrario a la industria, una cachetada a toda ambición sana. Fulano es un haragán, un bueno para nada, le gusta el *ocio*. Pero a pesar de toda esa negatividad, no hemos hecho que la palabra deje de ser bella; hay un resplandor en su centro, por cosechar de entre las cualidades honradas de los ansiosamente ocupados.

Sin embargo, *es* un concepto confuso, y para encontrar esa veta pura y válida podría ayudarnos decir lo que no es. El ocio no es un estado inerte, por ejemplo. Lo inerte es de algún modo inmóvil, desatento, carente de potencial. El ocio tampoco es exactamente haraganería, ya que no implica poca disposición. No es letargo o pereza –el llamado demonio de la siesta[1]– y tampoco es una especie de resistencia pasiva, ya que requeriría que estuviera involucrada la voluntad, y el ocio evidentemente no tiene que ver con eso. Gandhi no defendía el ocio, así como Bartleby, el escribiente[2], tampoco lo exhibía cuando reconocía que "preferiría no hacerlo". Y menos hablamos de la conciencia purificada a la cual el Zen aspiraría, o cualquier otro estado influenciado por lo espiritual; el ocio no es una plegaria, meditación o contemplación, aunque podría tener matices de algunos de dichos estados.

Se trata del primer hábitat del alma, de la autoemboscada original –un muestrario– en su estado natural, antes de que se la haya incitado a pergeñar un plan para que se dirija hacia algo. Abrimos los ojos a la mañana y, por un instante –o un poquito más, si nos lo permitimos–, nosotros mismos somos completamente ociosos. Y luego nos lanzamos hacia un propósito; y una vez que estamos en eso, muchos guardan poca relación con ese primer *yo* con las defensas bajas, salvo por desvíos soñolientos ocasionales para escaparnos de nuestras tareas, cuando permitimos que la mente se escurra de su trayecto para permitirnos una ensoñación o un recuerdo. Todos esos pensamientos –del pasado, la infancia– son un escape de la productividad. Pero existe una fuerza innegable, por momentos, como si fuese una verdad desatendida. La *Oda: Insinuaciones de inmortalidad*, de William Wordsworth, sugiere:

> *Mas para esos primeros afectos,*
> *esos recuerdos sombríos*
> *los cuales, sean los que sean,*
> *son aún la fuente de luz de todo nuestro día,*
> *son aún la luz maestra de todo nuestro entender.*

El ocio es lo que a veces nos afecta en aquellas pocas ocasiones en que permitimos que nuestro paso disminuya y se fusione con los rit-

---

1   Lo que en Argentina se denomina vulgarmente "fiaca". (N. de la T.)

2   Personaje que da título al cuento homónimo del escritor estadounidense Herman Melville. (N. de la T.)

mos del día natural, cuando logramos impedir el impulso de continuar planificando la siguiente cosa y, por el contrario, observamos —*ociosamente*, con sincera curiosidad— lo que se encuentra de inmediato frente a nosotros. La idea del día "natural" aquí es importante. No me refiero al día que se desenvuelve según el ritmo y las funciones de nuestras máquinas y cursores titilantes, sino a aquellos de orden no tecnológico. Esa versión de ocio ha estado con nosotros desde el primer hombre y la primera mujer —cuando el yo era acorde con toda la naturaleza— y, de ese modo, además de ser el centro de nuestro sentido del mundo en la infancia, también lo es de nuestra leyenda occidental de la creación. No es extraño que haya estado claramente presente en nuestra literatura y arte desde los tiempos más remotos, cambiando inflexiones, intensificándose y disminuyendo según el contexto histórico. Representada de manera notoria en el ideal pastoral y en el ambiente de las mitologías, la noción de ocio ha adquirido a lo largo del tiempo transversalidades densas, en los últimos siglos casi al punto de sugerir una epistemología, la base para un modo de entender realmente. Pero continúa siendo una palabra que rechaza conceptos. Si colocamos demasiada carga de cualquier tipo sobre ella, su *dolce far niente* se desvanece.

El edén fue el primer hogar del ocio, en donde el ser descansado no tenía nada que hacer más que abrir los ojos y contemplar... hasta que, lamentablemente, el apetito se volvió ambición, y el edén, no. Pero su eco resonó a través de la tradición clásica, la pastoral, los *Idilios* de Teócrito en el tercer siglo antes de la era cristiana; las interpretaciones de la vida agrícola rural de Virgilio en sus *Bucólicas*; en los cuentos de metamorfosis míticas de Ovidio. De hecho, podría decirse que cualquier literatura o arte que verse sobre el panteón está relacionado con el ocio, ya que los dioses, por definición, en esencia no estaban corrompidos por los tipos de luchas humanas, y si bien estaban repletos de planes e iniciativas, sus ritmos eran los del paraíso —eterno, profundamente ocioso—. Walter Benjamin cita al *Idilio sobre el ocio*, de Friedrich Schlegel:

> *Hércules (...) sin duda trabajó (...) mas el objeto de su curso siempre era practicar una noble ociosidad, por eso acabó entrando en el Olimpo. No así Prometeo, inventor de la educación y la ilustración (...) Por llevar a los hombres al trabajo, él también debe trabajar ahora, quiera o no.*

Existe una conexión de larga data, una armonía, entre las expresiones literarias sobre el ocio y la invocación de los dioses y otras deidades rurales menores, como las populares *Bucólicas.* "Lícidas" de Milton, una elegía pastoral, se inspiró directamente en el modelo virgiliano. El lamento del poeta por su amigo muerto imagina nuevamente un antiguo y radiante placer rural —el pastor en su ociosidad—, repleto de "flautas de avena" y "ásperos sátiros" bailando, antes de que los dioses crean conveniente quitárselo. Vemos una mezcla similar del mundo boscoso de los dioses paganos y la disposición sin prisa de impulsos y afecciones de las comedias shakespearianas, como *Sueño de una noche de verano* y *Como gustéis*, en donde luchas tradicionales son superadas por una iluminación casi antigua del ser.

Pero los mitos y pastorales campestres de ninguna manera son la única expresión que encontramos. Los *Ensayos* de Michel de Montaigne, ese archivo de astutas psicologías humanas —y ahora el texto fuente para un género vasto, fértil— podría decirse que tuvo su origen en esta mismísima condición. Montaigne, a quien le gustaba ver las cosas no solo de un lado y del otro, sino desde *todos* los puntos de vista, en su pequeño ensayo temprano *De la ociosidad,* primero la deplora, al escribir que la mente "si no está ocupada con cierto tema que la mantenga controlada y limitada (...) se arrojará por doquier y sin un propósito al vago campo de la imaginación". Pero luego, unas oraciones más adelante, reflexionando acerca de su decisión de retirarse de las empresas del mundo, da marcha atrás y sostiene: "Me pareció que no podía hacerle un mayor favor a mi mente que permitirle que, en el ocio, se entretuviera". Y continúa al sostener que, en esa libertad, la mente "saca a la luz tantas quimeras y monstruos fantásticos, unos sobre otros (...) que para contemplar cuando me dé la gana sus extrañezas y absurdidades he comenzado a escribirlas, con la esperanza de que con el tiempo se avergüencen de ellas". Y así, a partir del ocio de un hombre es engendrado uno de los tesoros de la literatura universal.

En Montaigne el mundo claramente equivale a la fecundidad de la imaginación, aunque, por supuesto, debemos recordar que para este escritor el ocio significaba despojarse de las demandas restrictivas de la vida civil, en absoluto un relajamiento de sus energías. Vale destacar: el ocio no determina un cese de la producción de energías, solo de su aplicación más direccionada hacia el exterior. La forma inconexa, asociativa de los *Ensayos* es testimonio de ello.

Una redefinición similar de las energías puede encontrarse en esa gran y tumultuosa oleada que fue el Romanticismo europeo. El idealismo que anunciaba, la presunción de un vínculo profundo y creativo con la naturaleza y la elevación de lo exclusivamente individual por sobre lo mecanizado y estandarizado lo hicieron amigable para el *ethos* más profundo del ocio. Es decir, para los ritmos y las expresiones de la vida sin restricciones. Consideremos la poesía en Inglaterra de Wordsworth, Blake, Coleridge, Shelley y Keats, o la de Friedrich Hölderlin y Novalis en Alemania. ¿Existe una expresión más pura, más líricamente matizada de esta languidez de la existencia que la de Keats en *Al otoño*, aunque aquí el ocio haya virado de un estado de posibilidad a uno de una concreción casi aturdida? El poeta invoca la estación personificada:

> *¿Quién no te ha visto en medio de tus bienes?*
> *Quienquiera que te busque ha de encontrarte*
> *sentada con descuido en un granero*
> *aventado el cabello dulcemente.*

Las calabazas están crecidas, las abejas zumban; la nota resonará, varios años después, como W. B. Yeats anunció en *La isla del lago de Innisfree:*

Me levantaré y me pondré en marcha, y a Innisfree iré,
y una choza haré allí, de arcilla y espinos:
nueve surcos de habas tendré allí, un panal para la miel,
y viviré solo en el arrullo de los zumbidos.

El concepto de ocio de alguna manera siempre está en contraste implícito con su antónimo —la industria—, mientras que al revés no necesariamente es así. Pensamos en la industria y nuestras ideas no van naturalmente hacia el ocio. El juego básico de los opuestos funciona en los escritos de los románticos, quienes no solo estaban a favor de la individualidad orgánica, sino también expresamente *en contra* del impulso industrial —en contra de los "oscuros molinos satánicos", entre otras cosas—. Obtenemos una sensación similar de lucha si observamos los Estados Unidos del siglo XIX, en donde el combate de energías contrarias estaba desarrollándose en un gran lienzo abierto. Encontramos el irreprimible vector del crecimiento, la expansión y conquista —industria y comercio—, y luego el contrapeso, la aceptación espiritual y poética de tantas posibilidades, tanto terreno sin domesticar. Nuestros únicos opositores tenían mucho por decir. Washington Irving dispuso que su personaje Rip van Winkle[3] soñase con una vida alejada en las montañas Catskill. Walt Whitman, defensor del anarquismo, invitaba a su alma a "holgazanear". Thoreau, quien continúa siendo el portavoz más visible que defiende el no hacer nada (siempre que se trate del tipo correcto de *nada*), fue a los bosques para "afrontar tan solo los hechos fundamentales", un comportamiento que tenía todo que ver con la conciencia y la realización personal y rechazaba las iniciativas convencionalmente productivas.

Gran parte del trabajo de Thoreau puede leerse, sin forzarlo, como una disculpa por un ocio compenetrado. En su conocido ensayo "Caminar", por ejemplo, crea una suerte de correlación objetiva en la actividad

---

3   Personaje que da nombre a un cuento del autor estadounidense. (N. de la T.)

de caminar, que él equipara a "pasear", palabra que, según explica, "deriva hermosamente de 'las personas ociosas que vagaban por el campo, en la Edad Media, y pedían caridad' (...) Algunos, sin embargo, la derivarían del término *sans terre*[4], sin una tierra u hogar, que, por ende, en un buen sentido significaría que no se tiene una casa específica, sino que se está en casa en cualquier lado. Ya que ese es el secreto del paseo exitoso". Hay una metafísica encubierta aquí, una vinculación entre el estado sin restricciones y los resultados y las percepciones más profundas.

Emerson –de hecho, el movimiento trascendentalista entero, obsesionado con la interioridad– está mayormente de acuerdo, si bien en sus diarios de 1840 lo encontramos jugándole un revés malicioso a la afirmación de Montaigne, al escribir: "He estado escribiendo no sin angustia ensayos sobre diversos asuntos como una suerte de ofrecimiento de disculpas a mi país por mi ocio evidente". Pero hay un guiño en la oración, una descripción divertida de lo externo desde lo interno en la palabra *evidente*.

Estos pensadores y escritores estadounidenses del siglo XIX, debido a su clara oposición al espíritu expansionista impulsado por el comercio de la época, no solo estaban profundamente vinculados con una lectura más honda de la naturaleza, sino que también estaban tomando nota del espíritu que encontramos en la obra de los errantes y conmovedores poetas chinos Li Bai y Du Fu, o el monje budista japonés Yoshida Kenkō. Kenkō, en *Ensayos en ociosidad*, que data de comienzos del siglo XIV, reflexiona sobre la intensidad absorta de la vida transcurrida lejos de la agitación pública: "Qué sentimiento extraño de demencia tengo al darme cuenta de que he pasado días enteros frente a esta piedra de entintar con nada mejor que hacer que tomar nota azarosamente de las ideas sin sentido que vienen a mi mente". Las religiones occidentales, que desde hace mucho tiempo se han comprometido con la recepti-

---

4   Thoreau utiliza el verbo inglés *to saunter* ("pasear"), por eso el autor baraja la posibilidad de que derive del término francés semejante, *sans terre*. (N. de la T.)

vidad antes que con la iniciativa, también encontraron una adhesión inmediata en los Estados Unidos. La misma postura respecto del ocio que en todos lados los protestantes de derecha deploraban fue vista por los trascendentalistas como prueba de una apertura filosófica y espiritual.

Más o menos para la misma época, en Europa estaba surgiendo una expresión muy distinta de este talante, de esta inclinación. Los centros urbanos en intensa expansión, en especial París, comenzaron a engendrar sus propios personajes obstinados, gente atípica que proclamaba una resistencia intencionada a los avances del estilo arquitectónico que representaba el inmenso programa del barón Haussman, quien estaba empeñado en imponer el orden en la metrópolis. En oposición a la mentalidad progresista estaba el *flâneur*, quien, tal como lo caracterizara y festejara Charles Baudelaire, valoraba lo inútil, lo fortuito, cualquier cosa que pudiera servir para burlar las compulsiones conducidas por los fines de la época.

"Estar lejos de casa y, aun así, sentirse en casa en cualquier lado", escribió en su ensayo sobre el artista Constantin Guys, "ver el mundo, estar en el centro exacto del mundo y, aun así, no ser visto por el mundo, esos son algunos de los pequeños placeres de aquellos espíritus independientes, intensos e imparciales, que no se prestan con facilidad a las definiciones lingüísticas". El *flâneur*, el paseante urbano anunciaba el valor del esparcimiento y promulgaba la protesta implícita del retraso. Quizás Schlegel haya tenido ese personaje en mente cuando escribió: "Y en todas partes de la Tierra, es el derecho a la ociosidad lo que distingue a las clases superiores de las inferiores". El tiempo es dinero, el dinero es tiempo, y la apoteosis de tener es no hacer nada en absoluto.

A través del personaje del *flâneur* —y de la escritura del crítico y filósofo Walter Benjamin—, el estado ocioso recibió una plataforma, elevada desde la versión de indolencia hasta algo más similar a una actitud cognitiva, un *ethos*. La idea de Benjamin básicamente es que la verdadera imagen de las cosas —sin dudas, de la experiencia urbana— quizás sea mejor comprendida a partir de percepciones diversas, generalmente de aspecto tangencial; y que el racionalismo diligente y de pensamiento lineal es menos capaz de desentrañar la realidad inmensamente compleja que lo rodea que el *flâneur* sin ataduras, quien bien podría tenderle una emboscada.

Podemos encontrar una estética similar de falta de rumbo, aunque más compleja a nivel psicológico, en Marcel Proust, autor de la monstruosamente intrincada *En busca del tiempo perdido* que no puede ser etiquetado como ocioso, pero que aún debe verse como una personalidad fundamental en cualquier discusión profunda sobre el tema. Fue Proust quien, evocando la filosofía de Henri Bergson, propuso la llamada memoria involuntaria como la fuente de todas las conexiones artísticas más profundas, en oposición a la que cualquiera de nosotros puede recuperar según lo dispongamos. "El pasado se esconde en algún lado fuera del reino, más allá del alcance del intelecto, en algún objeto material... que no sospechamos. Y que nos topemos o no con dicho objeto antes de nuestra muerte dependerá de la suerte." No puede desearse el propio camino hacia la verdad. Uno solo puede estar receptivo y esperar. Es decir, sin tanto circunloquio, que la inactividad, la postura receptiva es probable que tenga tanto atractivo por lo que finalmente importa como la actividad concertada.

Proust también nos da otro nexo importante, el que existe entre el ocio y la lectura, el ocio y la ensoñación creativa. Hasta ahora he considerado la palabra en su obvia oposición a la industria, y esto como la inacción física manifiesta. Pero, por supuesto, también están los aspectos interiores. Pensemos en el hecho de soñar despiertos, tantas veces considerado sin sentido, como una especie de inactividad mental, aunque existan abundantes testimonios de artistas, compositores y autores que afirman que esa es la semilla de su inspiración. En la sección "Combray" de *En busca del tiempo perdido*, por ejemplo, el narrador, Marcel, emite un informe extenso sobre su experiencia lectora en la infancia. Fusiona los aspectos de la tarea ostensiblemente direccionales, enfocados en el sujeto, con el clima de indolencia, las dilaciones sensuales internas que lo acompañan. Al recordar cómo se ocultaba en la que denomina una "caja-garita" de su jardín, se pregunta sobre sus pensamientos: "¿Acaso ellos no formaban un agujero similar en donde esconderse, en el fondo del cual yo sentía que podía enterrarme y permanecer invisible, incluso cuando observaba lo que ocurría afuera?". Era tan familiar para mí —probablemente para muchos— ese impulso de esconder el yo mientras leía, dado que leer no solo intensifica la atención, sino que también mantiene al lector fuera de las líneas de la visión de quienes se autodenominaron legisladores de nuestro bienestar moral.

Con toda su apertura a la profundidad y a las percepciones creativas (quizás, *debido* a ello), el ocio en muchos ámbitos es considerado inaceptable. La percepción creativa también suele ser un cuestionamiento implícito de la lógica del *statu quo*. La ociosidad no desea nada, no abraza ninguna agenda de progreso; propone la suficiencia de lo que es. Y aquellos autodesignados legisladores de nuestro comportamiento suelen encontrar que esto es intolerable, un voto desafiante contra su idea de lo que debería ser. *La voluntad* es el término definitorio. La voluntad es el motivo por el cual Bartleby, el escribiente —un personaje que fue más kafkiano que Kafka, más beckettiano que Beckett— no puede anexarse a las filas de los ociosos; su inmovilidad es un rechazo concertado, lo opuesto al ocio (que no es concertado ni se rechaza). Nos recuerda que el ocio es, en primer lugar, una forma de asentimiento —pero un asentimiento de los ritmos del mundo natural y no de quienes lo mejoran y explotan—.

De nuevo, cualquier enunciado parece reduccionista. Hay tantas maneras de considerar el ocio. Debemos diferenciar al viajero en la sala de espera del aeropuerto que juguetea con las configuraciones de su iPod, del soñador al estilo de Whitman, que haraganea y convoca a su alma. Un extremo del espectro de lo ocioso es casi imposible de distinguir del aburrimiento; el otro podría encontrar a una persona que sueña con alcanzar una comprobación más del teorema de Fermat. Podemos pensar en el ocio como un principio, una vocación viva, si se quiere, pero luego también se lo puede ver en destellos, que es como tantos de nosotros lo practicamos –como un respiro de una actividad programada, que se sabe de una duración limitada y, aún más, apreciada por ello–. ¿Quién es ocioso? ¿Qué es el ocio? Es un asunto de disposición interna, donde la mente se encuentra cuando el *yo* no obedece ninguna directiva. Existe otra distinción entre las expresiones subjetivas y solitarias y las colectivas y públicas –lo que se siente cuando se está solo en un sillón, opuesto a la sensación de estar con otros en un parque o en un lago un domingo–.

Sin lugar a dudas, las cosas ahora son diferentes. Nuevas variables han sido arrojadas a nuestro entorno –o lo que es más probable, hemos evolucionado hacia ellas–. Las antiguas definiciones de actividad, lo que ahora parecen sólidas distinciones entre trabajo y esparcimiento, se han quebrado por la oleada de la vida digitalizada. Lo que complica las cosas es el hecho de que tan pocas características de las nuevas tecnologías sean visibles del modo en que lo son los objetos mecánicos. Su funcionamiento es vía wifi, a través de un chip; no se ve un cable, un auricular, directamente se activa Bluetooth. Las herramientas transformadoras están omnipresentes en nuestro entorno y en nuestra persona, y sin embargo el mundo se parece mucho a lo que era antes de su llegada. Lo cual implica que los límites son menos obvios y que registrar la naturaleza del cambio lleva cierto tiempo. Y esto también se relaciona con el asunto del ocio.

Por supuesto, la industria no ha desaparecido, ni la laboriosidad, pero su espectro se ha extendido y desdibujado para incluir el sinnúmero de tareas que logramos hacer con la yema de los dedos. Los espacios y los movimientos físicos del trabajo y del juego ahora suelen ser casi idénticos, y nuestro comercio con el mundo, nuestra vida laboral, es mucho más sedentaria y cognitiva que nunca. Por estas razones, se ha vuelto mucho más difícil mantener las distinciones. Los empleadores pueden no insistir en que un empleado se involucre en las actividades de la empresa, no es necesario que lo haga… las presiones de la competencia por los puestos de trabajo lo harán. Y cuánto más difícil es para tanta gente que trabaja en profesiones permeables decirse a sí misma que está bien parar, no estar fiscalizando la cartera de clientes durante el fin de semana como si algo importante pudiera ocurrir. El problema es, lamentablemente, que bien podría ocurrir. La economía global trabaja las 24 horas del día, de lunes a lunes. Los mercados financieros en Asia, por ejemplo, operan del otro lado del reloj. Y, por supuesto, la ambición nunca duerme. ¿Qué mensaje envías si intencionalmente apagas todos tus dispositivos al final del viernes: que tienes principios o que permitirás que cualquier competidor más rápido te aventaje?

La tecnología permite que las cosas jueguen en ambos sentidos. El actuar con un objetivo ahora ha sido eclipsado por la posibilidad de distracción a cada paso. Los archivos para el contrato están allí en la pantalla, pero también lo están los tuiteos, el solitario en línea y los canales a los que nos hayamos suscripto, según sean las pasiones personales. ¿Cómo concebimos el ocio en este nuevo contexto? ¿Nos lo estamos permitiendo cada vez que nos desconectamos de un documento relacionado con el trabajo para dar una rápida ojeada a los correos electrónicos o para navegar en unos pocos sitios de compras preferidos? ¿Acaso cuenta la distracción dosificada en el espacio inmediato del deber o es solo un consuelo que se arroja al tirano que nos roba la mayoría de nuestras buenas horas? ¿El ocio sigue siendo una especie de estado mental o se ha reconfigurado para cubrir las necesidades del hostigado trabajador multitareas?

También debemos preguntarnos de qué manera todos estos clics y jugueteos con nuestros dispositivos vulneran nuestro arte, nuestra literatura, y si podrá sobrevivir algo de la antigua tranquilidad. Hace poco me maravilló abrir *Yoga para los que pasan del yoga*, de Geoff Dyer, y escucharlo anunciar: "En Roma yo vivía al gran estilo de los escritores. Básicamente no hacía nada en todo el día". Pero Dyer me parece una excepción, un sobreviviente de otra era con estilo propio. Hay pocos de nosotros en Roma, y muchos menos, con el "gran estilo". ¿Quién se dedica al ocio aún? Haciendo un filtro en mi propio Google mental, aparecen algunos nombres: el fallecido W. G. Sebald, Haruki Murakami, Marilynne Robinson con su ritmo ensoñador de construcción de escenas, Nicholson Baker en *El antólogo*... pero, en definitiva, hay muy pocos ejemplares. La mayor parte de la prosa contemporánea apunta hacia el otro lado, me parece, e inquieta; genera una vibración cafeinada que consiste en estímulos que compiten entre sí y en las diversas maneras en que el mundo nos supera. El ocio necesita ambientes de indolencia para sobrevivir. Es una condición en peligro de extinción que requiere de un clima de lectura completamente diferente, uno que no sea sobre información, o revalorización personal, o actualización sobre las últimas novedades del club de lectura, sino que exista solo para sí misma, idílica, intransitiva.

Algún tiempo atrás leí un discurso de graduación dado por el crítico James Wood, en el que lamentaba la pérdida de mordacidad en nuestras vidas –ahora hay tanto desinfectado y escondido del ojo público– y exhortaba a los futuros escritores a buscar en lo profundo de su imaginación los detalles básicos que motivan la prosa y poesía. En un orden similar de cosas, me pregunto por la infancia en sí misma. Me preocupa que en nuestro fervor por planificar y llenar la vida de nuestros hijos con clases, invitaciones a jugar con compañeros, actividades de armado de *curriculum vitae* les estemos quitando la posibilidad de experimentar un ocio irrestricto. La mente alerta, pero sin dirigirla hacia un camino establecido, sin condicionar los impulsos a ningún tipo de productividad. La boya inmóvil, la mano que se arrastra en el agua, las formas cambiantes de las nubes en el cielo. El ocio es la madre de las posibilidades, tanto como la necesidad es la madre del ingenio. Ahora que nuestras tecnologías tejen con tanta habilidad un puente que zanja la antigua división entre la laboriosidad y la relajación, entre el trabajo y el juego, ya sea por medio de fluctuaciones o algún tipo de fusión, todo lo cual está constituido por meros dígitos dispuestos con fines variados, debemos preguntarnos si no estamos liquidando el área de nuestra mayor felicidad posible. "La conservación del mundo radica en la naturaleza salvaje", escribió Thoreau. El corolario de la máxima podría afirmar que el salvamento de la vida interior radica en el ocio.

"El poeta" de Emerson – Un círculo

Porque no somos sartenes o carretillas, ni siquiera portadores del fuego
y la antorcha, sino hijos del fuego, hechos de él,
y solamente la misma divinidad transmutada, a dos o tres pasos,
cuando menos sabemos de ello.[1]

Esto escribía Emerson en su ensayo "El poeta", ciento cincuenta o ciento sesenta años atrás. Expresión que da vida a la gran paradoja, de que una sola oración puede saludarnos como si lo hiciera desde otro mundo, incluso como si, en otro nivel, nos alcanzara con el aliento íntimo de alguien que se reclina para recordarnos algo que creemos que ya sabíamos. Lo cual —aquí, ahora— es el punto. No el hecho de que exista un evidente abismo temporal entre nosotros y Emerson, sino que pueda haber un nivel más interno en el cual somos contemporáneos. De más está decir que dicho nivel tendría poco que ver con fechas o estilos.

Me siento tan reacio a escribir sobre esto como interesado. Lo que me resulta claro desde el comienzo es que no puedo continuar sin utilizar el término *alma*. No encuentro el sentido de hablar sobre poesía de ninguna manera profunda sin dicho acceso. Al mismo tiempo, sé que no existe modo más rápido de que se me destituya por representar una suerte de retroceso que pronunciando *alma* con cara de póker.

¿Por qué? ¿Por qué habría tal disconformidad en torno a una palabra o, más bien, un concepto? Es como si utilizar la palabra equivaliese a negar la época en que vivimos, invalidando la historia ex profeso; como

---

1 Traducción del inglés de Fernando Vidagany Murgui. (N. de la T.)

si el concepto de una vida introspectiva ya no pudiera cuadrar con el estado de las cosas.

Debería aclarar a qué me refiero con el término. Hablar de alma, para mí, no es hablar de religión. Si bien la religión reconoció la idea y la planteó como algo –una entidad– que podía ayudar a salvar, no es algo que la fe haya creado. El alma viene de antes. La pienso como la parte del ser que no está forjada por las contingencias, sino que permanece libre; la parte del *yo* que reconoce el hecho absurdo de su existir, que en ningún sentido necesario es inmortal, si bien reconoce el concepto de inmortalidad y comprende el deseo que expresa; que *es* dicho deseo.

El alma, considerada de esta manera, es una cualidad que puede reconocerse en expresiones del lenguaje, aunque no pueda explicarse o justificarse. El hecho de que pueda reconocerse confirma que el lenguaje puede expresarla. Lo hace raramente, pero *puede*. Y las expresiones en donde es más probable que ocurra –aunque también sea bastante infrecuente– son los poemas. Esto es porque los poemas están escritos con una doble intención: dar voz a los estados internos más urgentes y esquivos, y utilizar el lenguaje con la mayor compresión e intensidad. La poesía más duradera –en términos históricos– es la que ha dado alguna expresión al alma del poeta, a esa porción de él o ella que se conecta con más profundidad y precisión con el alma de otros.

> *... pero la gran mayoría de los hombres parecen pequeños, que aún no han tomado posesión de sí mismos, o taciturnos, que no pueden relatar la conversación que han tenido con la naturaleza.*

La idea de Emerson sobre los poetas es bastante sorprendente. No parece tan radical si evocamos a Shelley y sus atribuciones de poder, aunque resulta desconcertante si la observamos desde la perspectiva del presente. Pero debemos analizar estas frases y hacerlo con atención: la idea de que la gran mayoría de los seres humanos son *pequeños* que *aún no se han transformado en sí mismos*. ¿Qué podría significar, en los términos de Emerson y en los nuestros? ¿Qué es "tomar posesión"? No creo que quiera decir la mera −"mera"− madurez. Más bien, pareciera que aún está en la temática del alma y que la posesión se refiere a ello −a que una persona pase a reconocerse a sí misma como un alma−, a algo más grande que la suma de sus partes, de sus experiencias. ¿Y cómo podría alcanzarse ese reconocimiento? La siguiente frase podría contener una respuesta parcial: la idea de que podría haber, como base de este volverse un *yo* más grande, *una conversación que han tenido con la naturaleza*. ¿Qué tipo de conversación podría uno tener con la naturaleza? Emerson no desea que nos lo imaginemos a él, un aspirante a poeta, cantando como un tirolés en medio de los bosques, hablándoles a los árboles y las rocas. Sin dudas que no. Debe estar pensando en una conversación que uno podría tener consigo mismo, con esa porción de naturaleza que se encuentra dentro de uno mismo, ese fuego de creación que él invoca en ese tramo inicial. Lo cual suena bastante a canción pegadiza de música pop que diga "conéctate con tu *yo* más profundo", con esa vaguedad que casi no quiere decir nada. Nuestro *yo* más profundo… la pregunta está allí para que se la formule: ¿existe semejante cosa? ¿Aún existe tracción en la idea de que el *yo* no solo tiene profundidad, sino una profundidad que en cierto nivel de comprensión nos conecta con un elemento básico −ese fuego− de un modo en que luego conforma nuestro estilo de vida, nos da sustancia más allá de las acumulaciones de lo que es secundario y distrae? Además, ¿se trata de un poder al que los artistas, no solo los poetas, pueden acceder de algún modo? ¿Emerson está proponiendo el autoconocimiento como una fuerza activa, un logro que luego puede conducir a otros?

Resulta interesante que en la actualidad poco se escuche hablar de esto, no existe un lugar donde podamos escuchar que se hable sobre el tema, se lo reconozca. Sin dudas, siempre está la esfera de lo privado, o lo que pueda ocurrir entre las personas en conversaciones sinceras e inquisidoras. O terapia, una buena e intensa terapia. Pero en cuanto al terreno público −incluido lo académico−, no existe para nada. El mundo académico, de hecho, es parte del motivo por el cual *no lo hay*, ya que él ha fomentado y arraigado una cultura de la vergüenza. Se ha establecido *en contra* de las preocupaciones, los conceptos y el espíritu fundamental de lo que Emerson hace aquí. Aún pueden encontrarse indicios de ello en el ámbito literario, en los escritos de Marilynne Robinson, Wendell Berry, Rebecca Solnit y unos pocos más, pero son la excepción.

En realidad, están en juego —si bien significará andar un poco en círculos— el poder y el lugar del individuo. No el yo demográfico, sino el yo inquisitivo, la autoaprehensión, y en segunda instancia, el poeta. El poeta, porque tradicionalmente él representa la importancia de la búsqueda y lo manifiesta a través de la expresión, de las palabras. Palabras que no tanto denotan o apuntan a la experiencia, sino que contienen y plasman mucho más su energía.

Pero, ¿quién piensa en el lenguaje de esta manera, quién cree en semejante poder? Excepto, quizás, unos pocos poetas.

> *Porque toda la poesía fue escrita antes de que el tiempo existiese, y cuando estamos tan bien organizados que podemos ingresar en esa región en donde el aire es música, escuchamos aquel trinar prístino e intentamos tomar nota de él, pero ocasionalmente perdemos una palabra, un verso, y los sustituimos con algo de nosotros mismos y, así, escribimos mal el poema.*

Parecería, al vivir como lo hacemos en una época en donde la realidad social se comprende como una construcción y el resto es un asunto de procesamiento neuronal —otro tipo de construcción— que hemos dado un giro de 180 grados a la afirmación de Emerson, que no es solo que ese orden es inherente a la creación, sino que las verdades también lo son, y discernir y transcribirlas con total precisión sería presentar una belleza perfecta. Entendida la belleza —el arte— no como una creación, sino como la recuperación de armonías implantadas. El poeta, entonces, es el instrumento y el lenguaje, el medio. Y se infiere que el lenguaje es adecuado, mientras que la transmisión pueda ser más y menos exitosa. La verdad interior y las palabras adecuadas para su recuperación.

Así, que las palabras puedan decirse y que participen de alguna manera de eso esencial, está relacionado con ese "trinar prístino".

Como editor de una revista literaria, paso buena parte del tiempo leyendo entregas de poesía y evalúo el estado del arte desde mi ángulo particular. Una de las cosas que me han sorprendido –del modo en que solo puede ocurrir si se examina una muestra muy grande– es una cierta arbitrariedad. No me refiero a la arbitrariedad en términos del tema o el enfoque, sino a nivel lingüístico. La elección de palabras, el ritmo… esas cualidades que denotan si uno ha estado en presencia cercana a la poesía mucho antes de que sean considerados los elementos temáticos. Si bien sería difícil especificar exactamente cómo funciona esto –dejando de lado todas las décadas de experimentación e innovación por las que hemos visto pasar al género–, podría decir que es sencillo determinar si el lenguaje se utiliza con presión poética, si las palabras, frases y líneas tienen la carga de la intención de decir. Esto puede sentirse en los ritmos; es anterior a otros juicios. Y cuanto más uno haya estado expuesto a la poesía, más claro será. Al igual que puede escucharse cuando está desafinado un instrumento, o varios instrumentos no están afinados en el mismo tono, puede percibirse cuando las palabras poseen una disposición intencional y empática. Esto no quiere decir que deban conformar una armonía –existen disonancias artísticas que son prueba de ello–, sino solamente que se las utiliza con una gran conciencia de sus propiedades orales implícitas, y con el entendimiento de que todas las yuxtaposiciones liberan sus propiedades químicas, y que un poema hace esto con gran determinación. Si bien suelen ser necesarias varias lecturas para decidir si un poema realmente "funciona", solo lleva unos segundos determinar si la expresión califica como poema.

Independientemente de que esta comprensión casi química de las palabras sobre la página tenga alguna relación con lo que afirmaba Emerson sobre la creación original –sería difícil proponer el argumento–, nos permite ver cómo el lenguaje poético funciona con mucha mayor sutileza y variación que el que utilizamos para asegurarnos de realizar las tareas cotidianas. Y considerar que la expresión está abierta a todo tipo de matices no es afirmar nada sobre sus orígenes encantados. No hace falta que la magia sea propiedad de las palabras en sí mismas, activadas a través de un uso inspirado, también puede ser el reflejo de nuestra capacidad de proyectarnos a través de las palabras, cuando su disposición causa proyección:

> *Ya que la experiencia de cada nueva época requiere una nueva confesión, y el mundo pareciera siempre estar a la espera de su poeta.*

Aquí sería necesario mantener el sentimiento, pero ampliar la referencia. Que el mundo *pareciera estar siempre a la espera* suena inobjetable, la sensación de espera se encuentra en todos lados —creo que es lo que nos hace cada vez más esclavos de nuestros dispositivos—; permanecemos sintonizados a nuestras numerosas pantallas no solo por diversión o trabajo, sino también porque pensamos que se anunciará algo. No podemos soportar pensar que podríamos perder el momento. Pero ese algo no es poesía, a menos que dotemos a la poesía de una posibilidad apocalíptica. Estamos huyendo de las vibraciones ansiosas de nuestras vidas, provocadas en parte por la sensación de que las cosas están más conectadas que nunca y de que es el mundo entero el que, de algún modo, nos presiona; "obsesionando nuestras vidas privadas", como escribió Auden, si bien la naturaleza de dichas vidas privadas ha cambiado muchísimo desde que eso fue escrito. Casi podríamos decir que ya no tenemos vidas privadas verdaderas, y que esa carencia, así como la intimidante permeabilidad humana que significa dicha carencia, es la causa de nuestro malestar, es lo que subyace a esa espera. Estamos esperando algo que se sentirá como una solución cuando llegue; estamos esperando que se levante la opresión de "¿qué viene a continuación?".

En un sentido más profundo, estamos esperando a nuestro poeta. Pero no estamos esperando el poema tanto como el permiso para certificarnos a nosotros mismos, para habitar el mundo en términos que comprendamos, para ser libres del sentimiento de que todo se está decidiendo en otro lado. El poeta, entonces, es el símbolo de la autosuficiencia; y el poema, si pudiéramos encontrar nuestro camino hacia él y comprenderlo, su prueba. El poema de nuestra época, la nueva confesión, encontraría una manera de dar forma a las energías del ambiente y a la ansiedad de esa interconexión en una expresión que se sienta contenida, que reúna las intuiciones que nos atraviesan constantemente y las haga sentir como entendimientos. No entendimientos cerrados o insistentes, sino clarificaciones, maneras de lidiar con el aterrador exceso de señales. Trasladar ese frenesí hacia el lenguaje no es tarea sencilla. Incluso, podría ser imposible, dado que la naturaleza de casi todas estas señales es anterior o posterior al habla. La afirmación de Emerson se torna una pregunta, *la* pregunta: ¿puede cualquiera, poeta, artista o mero mortal del montón, producir una confesión –una expresión, una síntesis– que permitiera aliviar al mundo que está a la espera? ¿O nos hemos movido, de una vez y para siempre, más allá de los límites de la síntesis y solo nos queda la posibilidad de versiones parciales? Otra manera de preguntar es si nuestra circunstancia está ahora fuera del alcance de nuestra visión. Más allá del lenguaje.

¿Cómo hace el poeta, el poeta serio, para conducir a lo que se ha convertido en esta permeabilidad ineludible, la básica destrucción de las fronteras de lo privado? ¿Es posible el poema lírico completo y auténtico o está condenado a ser un gesto nostálgico, con parte de su impacto que deriva de tal hecho?

> (…) *observad cómo la naturaleza* (…) *ha garantizado la fidelidad del poeta a su función de anunciar y sostener, a saber, la belleza de las cosas, que se vuelve una belleza nueva y superior cuando es expresada.*

He aquí un pensamiento deslumbrante y redentor que debe ser analizado: que la belleza de las cosas se vuelve una belleza nueva –y superior– cuando es expresada. Sabemos que la expresión es una suerte de transformación, cuanto menos, de indicios vagos y pensamientos inconclusos rudimentarios en proposiciones sintácticas. Pero que la belleza del mundo se torne nueva, aumentada por la expresión artística —esto de algún modo sostendría que el impulso dador de forma de la conciencia no es solo una parte de lo que *es*, sino también un progreso—. Pienso en Rilke —su pregunta en *Las elegías de Duino*: "Tierra, ¿no es eso lo que quieres: resurgir en nosotros?"—. ¿Y no es esa la esencia del primero de sus *Sonetos a Orfeo*: la naturaleza re-formándose en el lenguaje a través de la conciencia del poeta? *¡Oh, gran árbol frondoso en la oreja!*

Como sea. Qué enteramente arcaicos parecen estos sentimientos, cuán distantes del pensamiento contemporáneo, incluso de los denominados creativos —hacer semejante afirmación sobre cualquier tipo de arte, considerar que cualquier producción de la imaginación es un verdadero poder—. Esta discordancia pareciera ser una medida de todo lo que hemos concedido a lo meramente material. ¿Cómo ocurrió esto? ¿Todo es parte de la secularización continua de la vida de posguerra —y luego posmoderna—?, ¿o acaso el diluvio digital alcanzó masas críticas y generó un quiebre, un desgarro que se percibe más bien como un cambio de especie y no de grado? Por supuesto, aquí no hay respuestas fáciles.

Tomo al poeta de Emerson como ejemplo, pero en realidad me refiero a todas las artes. No a su desarrollo estético, sino a cómo es percibido su poder dentro del sistema cultural. Me parece que no tiene casi ninguno. El prestigio, las ventas, su lugar en cualesquiera sean los temas de la conversación colectiva, las artes están en bancarrota. Las preocupaciones y percepciones de estos hacedores idiosincrásicos no tienen relación con las vidas que llevamos ansiosamente. En parte, quizás, porque los artistas aún no han encontrado las maneras de tomar tal ansiedad y sus complejas fuentes y hacer de ellas un objeto: ejercer sobre ellas la transformación que Emerson afirma que el poeta puede hacer sobre la belleza de la naturaleza. Ese es uno de los desafíos de nuestra particular época.

Parte del problema —parte de lo que me dice que existe un problema— es que quiero hablar de poesía y arte en términos que suenan tontos. No solo por su seriedad idealista (¿pero no era este el lenguaje que aprendimos como apropiado para este análisis?) —*suena* vergonzoso—, sino también porque las obras que podrían justificar ese tipo de lenguaje no acuden pronto a la mente. Entonces, siempre me entristece escuchar la propaganda de nobles principios de las organizaciones de arte en su búsqueda de formas de presentar sus productos al público. El lenguaje particular de estos grupos es tradicionalista y surge de los mandatos aspiracionales de los comités en lugar de reflejar los impulsos de la obra actual. El resultado es que la idea de seriedad artística adquiere un matiz medicinal.

Nuestra ciencia es sensual, y por ende superficial.

Dos oraciones antes, Emerson escribía: "El universo es la externalización del alma". ¿Hace falta que vayamos tan lejos? Sin embargo, se vislumbra cierta división o divergencia esencial. Las ciencias sí se ocupan de las manifestaciones externas, superficiales, *materiales* de las cosas (por definición). Y consideran a todos los fenómenos en referencia a su tipo, su esencia abstraída. Esta era la percepción de Walker Percy sobre la diferencia entre el escritor y el científico: el científico nunca se dirige a lo individual.

Si las artes no están produciendo ningún efecto importante, si no se tiene sed de ellas (que es lo que nos ha permitido llegar hasta aquí), podría ser porque cada vez nos estamos experimentando menos a nosotros mismos o con el sentido de que nuestras vidas tienen cierta profundidad. Cada vez menos desde lo psicológico, desde lo existencial. Estamos entregándonos más a la lógica de las ciencias y de los sistemas que controlan nuestras vidas. Todo es sometido al cálculo demográfico, a la lógica de los sondeos, a la constante votación por las preferencias que, irónicamente, nos dan la ilusión de que estamos tomando decisiones, expresándonos, siendo proactivos.

Una belleza que no tiene explicación es mucho más preciada que aquella que podemos presagiar.

Me sorprende leer esto. La idea no parece estar de acuerdo con el resto del pensamiento de Emerson. ¿Puede haber una belleza que podamos presagiar —eso es belleza—? Para mí, la cualidad que certifica lo hermoso es que excede las explicaciones. Una obra totalmente sepultada por cualquier análisis, sin lugar para ningún aspecto adicional, que ni siquiera expone el misterio de su realización, o de cualquier realización, no puede atribuirse belleza. Después de todo, "La belleza no es más que el comienzo del horror, de lo que apenas podemos soportar" (Rilke) y, con similar dramatismo, "La belleza es verdad; la verdad, belleza" (Keats). Pero estoy dando muchas vueltas. Lo importante es que la belleza en esencia no puede conocerse, lo que equivale a decir que no es algo que sencillamente saluda a la mente racional; de alguna manera alcanza los sentidos, las emociones y las intuiciones, todas esas otras formas de conocer con las que contamos.

¿Pero cuál es ahora la situación de la belleza? No parece que la *fetichicemos* como lo hemos hecho en diversas oportunidades del pasado. Casi nunca escucho, sobre ningún arte nuevo, que merece verse, que es "bello". Emocionante, sí; también inquietante, provocador, poco común, sugerente, incluso a veces *poderoso*. Por supuesto, se escriben novelas y poemas bellos, se pintan cuadros bellos. Pero suelen ser obras que de alguna manera se remontan a algo anterior. Las interpretaciones del presente cultural suelen expresar alguna disonancia; comunican, como parte de su mensaje, que se apartan de antiguos órdenes y entendimientos —aquellas cosas que aprueban la belleza anterior—. ¿Tiramos por la borda el término —o lo resignificamos— en beneficio de esa "verdad" de Keats —para incluir mucho de lo que ha sido considerado feo?—.

Esa calidad extra, esa que no se somete a análisis, que no es *explicable*, ese es el objeto de la búsqueda —aunque, por supuesto, no puede por definición tenerse—. Pero puede hacerse referencia a ella, apuntar hacia ella. Tiene todo que ver con el asunto: el poeta, el artista, la condición del arte. La música puede someterse a un análisis estricto, puede ser escrita con precisión y, aun así, su partitura puede no darnos una noción en absoluto de belleza. Porque mientras que una nota puede nombrarse, un sonido (y, del sonido, una melodía), no. Y la poesía, la belleza y el misterio comienzan en el instante en que concluye la notación. Los significados de las palabras alcanzan la mente; los sonidos de la palabra alcanzan los sentidos. Las condiciones materiales básicas para la producción de belleza no han cambiado. Pero el marco de atención y el contexto de la materia sí lo han hecho. Un poema, por más brillante que sea a nivel lírico, yace inerte en tanto que su música no pueda imponerse. Para que eso ocurra debe haber atención, y la atención solo está activa en tanto *esté dirigida hacia*. Es creada por un deseo o una necesidad. Si necesitamos significados, prestaremos atención a las cosas que pueden producirlos.

La crisis del arte —si es tal— surge de una pérdida de atención, de un desmoronamiento de lo que crea atención.

> *Los lectores de poesía ven la fábrica-ciudad y los ferrocarriles y fantasean con que la poesía del paisaje está constituida por ellos; ya que estas obras de arte aún no están consagradas en su lectura, pero el poeta las ve caer dentro del gran Orden al igual que el nido de abejas o la geométrica telaraña. La naturaleza las adopta muy rápidamente dentro de sus ciclos vitales y ama la sucesión de vagones que se deslizan como si fuera propia. Además, para una mente centrada, la cantidad de invenciones mecánicas que se exhiben no significa nada. Aunque se añadan millones, y nunca tan sorprendentemente, el hecho de lo mecánico no ha aumentado un gramo de peso. El hecho espiritual permanece inalterable, por muchos o por unos pocos particulares.*

Y aquí, quizás, haya una manera de captar el problema de lo "feo", ya que ha habido tanta proliferación de "invenciones" y tanta difusión de versiones actualizadas de la "ciudad fábrica" que la poesía del paisaje no ha sido tanto interrumpida como desplazada casi por completo. Que es el modo en que la antigua pregunta de la belleza ha sido dominada por el objeto. Nuestra vida consiste en materiales que no han sido asimilados. ¿Dónde está la mente centrada que puede absorber todo lo que hemos forjado colectivamente y hacer poesía de ello —o cualquier tipo de arte—? Si Emerson no se equivoca, entonces la proliferación es meramente cuantitativa y no modifica el principio más profundo; el "hecho de lo mecánico" permanece igual. Pero lo cuantitativo parece habernos distraído, hizo mucho más difícil reconocer el "hecho espiritual". Una vez más la atención está en juego. La complejidad del mundo tecnologizado nos ha distraído por completo, ha hecho difícil creer que haya algo más.

Y si hubiera un poeta —un artista— que tuviera la amplitud de asimilarlo todo, de someterlo a una presión humana completa, ¿podrían existir los comienzos de una nueva belleza? —"nuevos estilos de arquitectura, un cambio de corazón" (Auden)— y si existieran, ¿podríamos despertar la atención necesaria para comprenderla como tal? ¿La belleza debería esperar la atención o es parte de su tarea despertarla?

El lenguaje es poesía fósil.

Hay toda una filosofía cifrada en estas cinco palabras. Una *observación* original y las primeras acuñaciones de semejanza, que el sonido coincida con el objeto o la acción, significante y significado, es en sí mismo poesía. Es decir, de nuevo, la poesía es atención, es una apertura completa a la experiencia. La percepción antes de que se haya aplicado la primera mano de familiaridad, las inevitables reducciones de la sabiduría recibida. Dicen que estudiar griego clásico —yo no lo he intentado— es como si realizáramos una excavación, una revelación, como si nos acercáramos a lo que durante siglos se ha calcificado, reteniendo la forma distintiva pero no la savia de lo que está vivo.

Los bancos y los impuestos, los periódicos y las reuniones políticas, el metodismo y el unitarismo, son llanos y aburridos para gente aburrida, pero yacen sobre las mismas bases de maravilla que la ciudad de Troya y el templo de Delfos, y rápidamente están pereciendo.

Podríamos reemplazar algunos términos, por ejemplo, por fondos de inversión e internet, Twitter y Facebook, y quizás el principio sería el mismo. Pero ahora debo preguntar, una vez dados los elevados dichos de Emerson, si estas frases, estas afirmaciones alcanzan algún reconocimiento. Él es uno de nuestros pensadores fundamentales, y su pensamiento versa sobre temas que, al estar relacionados con el espíritu y las verdades supuestas, no deberían cambiar tanto a lo largo del tiempo. Y aun así, al leerlo me parece que hemos aterrizado en planetas diferentes, porque no solo sus creencias sobre el arte en nada coinciden con las que había escuchado de cualquier otro artista, sino que la concepción del ser humano que se invoca es casi imposible de cuadrar con algo que esté disponible en nuestro mercado secular. La gente ya no habla de ese modo, ni piensa de ese modo sobre poesía,, ni sobre ninguna otra cosa.

Las proyecciones trascendentalistas de Emerson sobre el ser humano pueden haber marcado un momento, uno de esos momentos al estilo F. Scott Fitzgerald que imaginan la promesa de la nueva tierra y vinculan esa fantasía con una visión exaltada de lo individual, con su posibilidad. Pero incluso si hubiera existido alguna esperanza, ese momento terminó por ser disuelto por el comercio y el ajetreo de la construcción de la nación. El motivo por el que paso tanto tiempo pensando en él es que nada podría ser más diferente, no podríamos ser más opuestos. Y, sin embargo, aún recae en el poeta algún rastro de este legado hiperbólico; la etiqueta –"poeta"– aún lleva un tinte, al igual que la palabra "artista". Si todavía queda espacio para lo impredecible, para la mirada hacia adentro, lo singular, entonces son esas personas quienes lo reciben. Se les cede todo, pero aun así actúa como una suerte de miembro fantasma. Porque no damos crédito a lo interior como un ámbito para el progreso o el crecimiento, o para casi nada en absoluto. Incluso la sugerencia de que el orden material pudiera formar parte de algún modelo continuo junto con un "espíritu" inmaterial rayaría en lo ridículo.

El punto inmóvil

Transcurrían los últimos días de unas vacaciones familiares en una casa sobre un lago en Vermont cuando me enteré de que Seamus Heaney había muerto. Era un 30 de agosto, no estábamos ante "la muerte del invierno", como cuando su gran predecesor, W. B. Yeats, también murió a la edad de setenta y cuatro[1]. En su poema sobre dicha pérdida, *En memoria de W. B. Yeats*, W. H. Auden había escrito que "la vasija irlandesa [yace] / vaciada de su poesía". Yeats murió en enero de 1939. Heaney nació en abril de ese año y, llamativamente, la vasija fue vuelta a llenar. Ahora estamos a la espera de otro compositor de elegías tan virtuoso como Auden.

Yo me encontraba de vacaciones, alejado de la ciudad, y realmente no esperaba tener acceso a internet —en realidad ¡deseaba no tenerlo!–, pero los cables llegan a todos lados hoy en día, y la voluntad de desconectarse *motu proprio* es débil. Así es que lo supe mediante un correo electrónico. Fui quien primero se levantó esa mañana. Era muy temprano, el lago aún estaba cubierto por la niebla. Estaba bebiendo mi café y tomándome unos minutos para ponerme al día a través de la pantalla,

---

1 El poeta y dramaturgo irlandés William Butler Yeats murió el 28 de enero de 1939 en el invierno francés. (N. de la T.)

cuando apareció algo de Peter, mi amigo poeta. Leí el asunto: "Seamus Heaney a los 74", pero no se me ocurrió nada. No, en verdad, no es cierto. Asumí sin pensarlo que se trataría de algún tipo de conmemoración, un homenaje por su cumpleaños (aunque sabía que su cumpleaños era en abril, que compartía la fecha con Samuel Beckett). Pero aún estaba medio dormido. Cuando abrí el correo electrónico y vi que el mensaje no tenía contenido, sino simplemente un enlace, hice clic en él. Y luego, de repente, me había despertado por completo e intentaba digerir lo que leía. Seamus Heaney había muerto. Seamus había muerto.

Seamus. Utilizo su nombre de pila porque éramos amigos. No éramos muy amigos —él tenía varios amigos íntimos—, pero sí amigos de verdad. Eso es lo que me digo a mí mismo. Nos habíamos conocido en una lectura de poesía en Cambridge a principios de la década de 1980, poco después de que hubiera empezado su trabajo docente de una vez al año en Harvard. Era accesible, no era difícil encontrarse y tomar algo con él, y pronto un círculo de amigos se había aferrado a su lado. Había cenas, noches largas, en nuestra casa y en las de otros. Seamus y su esposa, Marie, cuando se sumaba, poetas conocidos. Todo ocurría en un clima muy sociable (en ese entonces teníamos treinta años menos). Más tarde, tras haber dejado de enseñar en Harvard, continuaron las visitas en Cambridge, Dublín, más noches largas. Pero también menos contacto.

Sabía que Seamus había tenido un infarto hacía unos años. Lo había visto algunas veces luego del episodio y había notado sus efectos. Lo que era una presencia tremendamente sólida se había sacudido. Pero el espíritu era poderoso y era inimaginable que no perdurara. ¿Qué escribió Wallace Stevens? "La belleza es momentánea en la mente / el fugaz trazado de un portal; pero en la carne es inmortal." Creía en la mitad de eso; probablemente había malinterpretado a Stevens.

"Seamus Heaney a los 74." Hacía algunos meses que no veía al poeta amigo que me envió el enlace, pero recuerdo que la última vez que hablamos fue sobre Seamus. El invierno anterior me habían invitado a dar una charla (sobre la lectura en la era de internet) en la facultad en donde él enseña. Me lo había pasado yendo de acá para allá ante un salón repleto de estudiantes, dando voz a mi sentido de la urgencia, al tiempo que me esforzaba por no emitir las emociones antediluvianas que hacen que todos esos postulados parezcan ridículos. No sé si lo logré o no. Peter parecía haber creído que había estado bien, que mis descripciones de la saturación digital habían dado en la tecla. Y el tema quedó ahí. A la mañana siguiente, nuestra conversación, antes de que condujera de vuelta a Boston, versó principalmente sobre Seamus, nuestro antiguo amigo en común. Porque fue Seamus quien había decidido hacía varias décadas, por el motivo que fuera, que debíamos conocernos; había organizado una reunión por la tarde en sus habitaciones en la casa Adams de Harvard. Y, café de por medio, aquella mañana conversamos mucho acerca de su bondad y sus sagaces intuiciones. Era una persona –las hay– con la cual se siente muy bien hablar.

Pero ahora estaba por terminar el verano y Peter enviaba la noticia insoportable. Y mi primera reacción, junto con un absoluto descreimiento, no fue –¿cómo *podía* ser?– el impactante sentido de pérdida de un amigo, sino algo diferente, un sentimiento que extrañamente era colectivo. Auden escribió por la muerte de Yeats que "él se había transformado en sus admiradores", y fue entonces cuando tuve la sensación fortísima de comprender qué quería decir. Me apareció de repente, si fuera posible, la idea –la imagen emocional– de todos aquellos que conocían y amaban a Seamus o a su obra, y me pareció estar dentro del fantasmal rastro de un circuito. Que en ese preciso momento en todo el mundo y, por supuesto con mayor intensidad en Dublín, Irlanda, y más sobrecogedoramente en su propia tierra natal, se estaba registrando ese mismo golpe de incomprensión –no aún de duelo–. Me imaginé una persona tras de otra, pensé en docenas, y esas solo eran las que *yo* sabía que tenían un vínculo. Por supuesto, había cientos, muchos cientos más.

Cuando fui al supermercado al día siguiente para comprar los periódicos, el *Times* y el *Globe*, esa sensación fue confirmada. Había una gran cobertura de la noticia en primera plana, la más grande que jamás había visto para la muerte de un escritor.

Hasta hace poco no había pensado que ambas situaciones —mi visita a la facultad de Peter para charlar sobre las transformaciones de la cultura lectora y su posterior aviso de que Seamus había fallecido— debían ir juntas en un ensayo, pero ahora me doy cuenta de que sí. No con facilidad u obviedad, ni en un encastre perfecto, pero en forma más amplia, temática, con todas las concesiones de la elasticidad ensayística. Y me hago las dos grandes preguntas que siempre me aquejan (que fueron, de hecho, la base de mi charla), es decir: *¿Cuál es la transformación que está teniendo lugar?* y *¿Qué tengo miedo de perder?*, entonces la conexión comienza a ser más clara.

Sé que es peligroso considerar a una persona la defensora de algo, que sea "representante" en el sentido emersoniano. Que un individuo pueda de alguna manera "encarnar" el espíritu de un período histórico parece arcaico, como lo es la noción de que un período pudiera tener un espíritu. Nuestro mantra cultural es la pluralidad, la polivalencia compleja, y el aluvión cada vez mayor de información garantiza más de lo mismo. La personalidad en sí misma es un concepto controvertido.

Aun así, cuando el poeta irlandés murió en agosto, durante los días y las semanas posteriores había una sensación en todo el mundo literario (y en la cultura más amplia también) de que una grandeza singular y —me atreveré a decirlo— *representativa* nos había sido quitada. Y se trataba de una grandeza no solo en el sentido emersoniano más genérico, sino también más específicamente en términos de *aquello* que representaba: una fe profunda y rectora en el lenguaje, una convicción sobre continuidades humanas más profundas y una sospecha de que una suerte de espíritu viviente que anima podría morar detrás de los acontecimientos. Miles de personas estaban de luto, creo, no solo por la pérdida de una personalidad alegre y un artista con dones verbales más excepcionales, sino también por esas "otras cosas" que se intuían.

Confirmadas en su obra y en su imagen pública, estas cualidades pueden evocarse con facilidad y, también, ser discutibles. Heaney era visto como un hombre con pertenencia, como una sensibilidad en armonía consigo misma y a la vez con las inmediaciones del mundo que lo circundaba —su poesía se irrita con la *cualidad objetiva*, con la presencia sentida de lo real— y con las insinuaciones del espíritu, la idea de que la experiencia está cargada con un significado más elevado, incluso fácilmente identificable. Era al mismo tiempo un poeta de una profunda imaginación histórica, alerta no solo a las luchas entre distintas facciones que tenían lugar en su Irlanda nativa y sus raíces en la compleja división milenaria, sino también en lo que podría llamarse nuestra memoria tribal. Al leer a Heaney, sentimos que el tiempo es real y tiene estratos muy profundos. El poeta escribió sobre momias exhumadas de la turba, pero también sobre los antiguos dioses, su supervivencia en ocasiones epifánicas del espíritu; tradujo a Sófocles y trajo a Beovulfo al contexto del presente, lo cual consiguió a través de una hazaña prodigiosa de resucitación lingüística.

Heaney congregó en su obra un poder de atención, de enfoque y un oído afinado a las extremadamente matizadas estratificaciones del lenguaje. Si fue un etimologista, nunca lo fue desde un lugar de académico en busca de derivaciones, sino como poeta deseoso de exponer los pulsos vivientes del pasado a través de las palabras.

Al escribir *Personal Helicon* (entre sus primeros poemas), Heaney se describe a sí mismo como un niño fascinado por las profundidades misteriosas de los pozos de agua. Escribe: "Me fascina la gota oscura, el cielo atrapado, los olores / de la maleza acuática, hongos y musgos fríos y húmedos". Y luego: "Otros tenían ecos, devolvían vuestra propia llamada / con una nueva y limpia música". Para concluir:

> *Hoy en día, husmear las raíces, meter el dedo en el limo,*
> *mirar con ojos ávidos de Narciso dentro de una fuente*
> *está por debajo de toda dignidad adulta. Yo hago versos*
> *para verme, para componer el eco de la oscuridad.*[2]

El poema es una suerte de credo, uno de los tantos de sus primeros trabajos. Otro similar, profundamente memorable —ahora, canónico— es "Excavación", el primer poema de su primer libro, *Muerte de un naturalista*, en el que invoca la imagen de sí mismo en su escritorio mientras que su padre trabaja con una pala afuera, debajo de su ventana. El poeta piensa en los años de trabajo —trabajo en el campo— y exclama: "Por Dios, que el anciano pueda manejar una pala. / Al igual que su padre". Generaciones en un lugar y las tradiciones que vuelven. Él será quien rompa la cadena, al admitir: "No tengo pala para seguir a los hombres como ellos", pero añade: "Entre mi dedo y mi pulgar / la pluma rechoncha descansa. / Voy a cavar con ella".

El verbo *cavar* primero parece socarrón, y quizás en los comienzos de la carrera semejante actitud fuera apropiada, pero a la luz de las décadas de trabajo que siguieron, tal línea puede leerse casi como una profecía. Porque lo que hizo Heaney fue exactamente eso: descendió hasta las estratificaciones —del pasado personal, cultural, tribal o mítico y lingüístico— y excavó. No sabemos cuánto se debió a objetivos tercos y cuánto simplemente a una propensión. Lo que está claro es que en la práctica y actitud se puso a sí mismo en contra. En un mundo que se dirige raudamente hacia lo neuronal y lateral, él se mantuvo vertical, se plantó. No para adoptar una pose, no obstante, o manifestar una protesta. Sino porque, para él, la imaginación era primordial —era la fuente del significado y del hacer— y sabía que la imaginación, su necesidad de atención, no puede sostenerse donde las señales destellan de una manera que distrae demasiado.

---

2 Traducción del inglés de Adam Gai. (N. de la T.)

Destellan de una manera que distrae demasiado en todos lados, en la actualidad –su destello, transferencia continua, pulso es nuestro ambiente cognitivo habitual, y estamos tan envueltos en todo ello que ni siquiera podemos visualizar su alcance–. A menos que exista –o hasta que llegue– el momento del apagón. La conmoción del cese repentino. Que algunas veces ocurre: el viento quiebra una gran rama, la nieve mojada arrastra consigo todo el sistema de respaldo. Allí nos deja, en pleno invierno nos abandona.

De hecho, pasó algo así en mi casa hace solo dos semanas. Los servicios integrados –internet, telefonía, televisión– que nos brinda la caja del sótano se fueron "al Fritz"[3]–. Cuando eso sucedió nuestra conexión estuvo interrumpida durante cinco días. Cinco días durante los cuales todos pudimos ver, como en un grabado sobre madera en donde se ha tallado la superficie del fondo, el nítido contorno de nuestra dependencia.

Al principio reaccionamos con furia. ¡Era imposible! Que el sistema gracias al cual todo funciona hubiera fallado abrupta y absurdamente. Viví una sensación inicial de impotencia, intentando este o aquel arreglo, siempre con el mismo aviso como resultado: *sin conexión a internet*. Parecía algo que iba contra la naturaleza. Al mismo tiempo, sin embargo –pensamiento mágico–, tuve la certeza loca e irracional de que en poco tiempo todo estaría bien. Alguien en algún lugar arrojaría un interruptor, arreglaría un cable y la pantalla se encendería, sonaría el teléfono y la acumulación de todos esos mensajes importantes estaría allí para que la poseyésemos...

Tuve que preguntarme a mí mismo en qué me afectaba lo que no veía, qué comunicación se había interrumpido, por qué estaba tan nervioso. Racionalmente, pensé que en realidad no podía ser para tanto.

---

3 *"On the fritz"* es la frase del original en inglés; nace de una tira cómica estadounidense, *Los niños Katzenjammer*, que ilustra las travesuras de dos gemelos: Hans y Fritz. Hoy, la frase en inglés se utiliza para decir que algo se descompuso o estropeó. (N. de la T.)

La gran obsesión por las pantallas nos lleva a la sensación de una potencialidad abortada, el inmenso *¿qué pasa si?* que está detrás de todo eso. Al interrumpirse la conexión, el asunto no pasa por qué hay ahí sino por lo que podría haber. Ese futuro inminente que se desvanece hasta la nada; podría haber *nada*.

Pero luego, pasó el tiempo, otro día, dos días más. Se había aclarado la naturaleza del conflicto y ahora solo restaba que transcurriera el fin de semana largo —y junto con el declive de la expectativa de restauración inmediata llegó cierta relajación—. Mientras que antes me obsesionaba por todos los contactos que podía estar perdiendo, ahora me encontraba intentando percibir las pequeñas libertades que traía la situación. Podía dormir una siesta sin ningún aleteo de los subumbrales neuronales respecto de *esto* entrante o *aquello* inminente. Y, si bien fue temporario, e ilusorio, no me sentí atrasado respecto de nada. Solo era un hombre en una habitación. Un hombre en una habitación al cual se le había quitado la idea del mundo entero instantáneamente asequible. Un hombre que, al barajar sus opciones analógicas, se da cuenta de que en verdad tiene bastantes.

De hecho, me di cuenta de que —excepto por el teléfono y el televisor—, tenía todas las cosas que habían definido mis días durante tantos años. Tenía mis libros, mi música, lo que Dylan Thomas llamaba "mis cinco sentidos campesinos". De pronto recordé una conversación de hace años con una vieja amiga. Había estado contándome la historia de su padre, un alcohólico empedernido que por fin estaba dejando la bebida. "Cuando finalmente superas una adicción", me dijo, "recuperas el *yo* que una vez tuviste". ¿Se tratará de una regresión? No sé qué dirían los expertos, pero me quedé con esa idea aquel fin de semana.

Esta no es, sin embargo, otra historia de una recuperación fundamental. Luego de otro día de abstinencia forzada, estábamos de nuevo en marcha, todos inclinados sobre nuestras portátiles, cosechando nuestros datos. Pero hubo otra cosa que también permaneció. Llevé ciertas cuestiones más allá en mis pensamientos, hice cierta extrapolación, proyecté lo singular en lo colectivo; contemplé esta idea de regresión. Me encontré pensando en una novela del escritor cubano Alejo Carpentier, *Los pasos perdidos*, que relata las crónicas de viaje de un musicólogo a lo largo del Orinoco, cómo en cada penetración más profunda en la selva descubre una cultura nativa más aislada, más primitiva, pero también de algún modo más presente en los sentidos, más vigorosa. Tan romántico, tan al estilo Rousseau (ambos: Henri y Jean-Jacques), pero visión al fin para no descartar en absoluto.

A través de los añadidos más sigilosos, por actualizaciones y aplicaciones (lo que Marshall McLuhan habría llamado una "extensión" de los sentidos), nuestra vida digital no solo nos empodera cada vez más, sino que también nos hace más dependientes, al crear en nosotros una impresión de ausencia en aquellos momentos en que no estamos "conectados". Es un asunto insidioso. Lo percibo en mí mismo todo el tiempo, la sensación de ventosa de la incompletitud —de cosas pendientes— que tengo cuando me alejo por un momento. Apenas comienzo a teclear, desaparece; la dinámica de la adicción. Todo el asunto es tan difícil de resistir. ¿Y por qué habríamos de hacerlo? Por supuesto, esa es la pregunta del momento. Hay tantos beneficios al llevar con nosotros el mundo de la información como una bufanda tejida de cables, creando planos de enlaces laterales y enviando y recibiendo mensajes —en su mayoría ejemplos de conexión sustituta— a través de un conmutador de impulsos diseminados. Tomamos el antiguo y limitado *yo* individual y lo refractamos en todas las direcciones, y a nuestro alrededor todo el mundo hace lo mismo, lo cual nos reconfirma en nuestro impulso. Cuán fácil es moverse en esa dirección —fluir permitido— y cuán difícil es apenas moverse en el sentido opuesto. Si es tan fácil, debe de estar bien.

Pero dichos beneficios no dejan de implicar sus sacrificios, aunque, como he observado, cada vez es más difícil ver cuáles podrían ser. Aun así, los diferenciamos, a veces indirectamente, por medio de una representación. Por ejemplo, con la reciente y repentina fuerza de nuestra tristeza. Un gran hombre ha muerto, un poeta con la comprensión más particular de cómo eran las cosas, del tiempo y el espacio del antiguo orden. "[E]l punto inmóvil del mundo que gira" de T. S. Eliot. Lloramos al poeta, pero al llorarlo, a la vez ¿no estamos también lamentando la pérdida de aquello que él tenía bajo su cuidado? Un lenguaje que delineaba una manera de vivir que nos bastaba para toda una era —no conocíamos otro, ni uno mejor— que ahora estamos intercambiando por otros modos. No nos arrepentimos de nuestro progreso, en su mayor parte. Pero hay algo que nos retiene. Y al contemplar a un poeta como Heaney, comprendemos qué es lo que aún ejerce dicha fuerza.

Seamus Heaney, entonces, la poesía y la imagen del hombre, destilan ciertas cualidades, entendimientos, maneras de relacionarse con el mundo esenciales que, podría decirse, se encuentran en peligro —de hecho, que han estado bajo amenaza durante muchísimo tiempo—. Su extraordinaria presencia física se manifiesta sin intermediaciones: directa, sin fragmentar y determinadamente no virtual. Al contrario del intranquilo, nervioso y siempre inminente *ahora* en el que vivimos, sus poemas nos brindan el intenso sentido articulado del pasado. Nuestro sentido de ubicuidad ambiental cede el paso, línea tras línea, a evocaciones de lugares absolutamente granulosos, palpables en sílabas y sonidos.

Pero dejemos aquí mis atribuciones y proyecciones. Sin dudas, el asunto ya ha quedado claro. Solo resta preguntarse cómo fue que el poeta se mantuvo tan enfocado, cómo evitó que los artefactos esenciales, indispensables lo arrastraran. ¿Realmente logró, viviendo en el nuevo milenio, mantenerse alejado de las pantallas y los circuitos y de sus fuerzas disipadoras? No pretendo santificar al hombre, pero no puede haber sido fácil.

Estudié a Seamus lo suficiente como para saber que era un autoconservacionista muy astuto, artero en su simulación de ineptitud tecnológica. Decir que se sentía demasiado anticuado para internet era un ardid. El hombre sabía muy bien que, si alguna vez se ofrecía en dicho terreno, se quedaría sin tiempo para sí mismo. Con inteligencia y discreción empleaba a un representante –una asistenta que filtraba mensajes y los respondía en nombre de él–. Lo que sí tenía y parecía utilizar con gran destreza era un teléfono celular. Me sorprendió saberlo. Un amigo suyo, un colega escritor irlandés, me confesó que él y Seamus se divertían enviándose mensajes uno al otro. De hecho, la última comunicación del poeta fue un mensaje de texto, según su hijo. Desde la habitación del hospital dictó un texto en latín dirigido a su esposa, Marie, que constaba de dos palabras: *noli timere*. "No tengas miedo." Fue un consuelo extraordinario y alentador, pero también bastante íntimo. Si hemos de encontrar una luz de algo para el resto de nosotros, quizás sea en el modo en que la línea de tiempo se repliega sobre sí misma: palabras de la antigua lengua muerta que brillan en la pantalla poco antes del final, o del tránsito crucial.

Atender a la libélula

Comienza con un esfuerzo levemente extraño –piernas arriba y por sobre el asiento; pies, localizando los pedales– y con una inhalación se dice: "¡Vamos!". Se trata de una disciplina nueva para mí, la bicicleta fija, y me aseguro de tomármelo con calma. Me inclino de un lado al otro, con facilidad y ritmo, con cierta frecuencia cardíaca, movimientos mecánicos al principio, y cada leve giro de la vista frente a mí atado al movimiento descendente del pie sobre el pedal. Después de un tiempo se vuelve levemente hipnótico, no porque reconozca (si bien en cierto momento registro que el tiempo se ha desdibujado) que dos o tres minutos más han hecho clic en el contador digital sin que me diera cuenta –estoy demasiado inmerso en lo que sea que está entrando a través del cablecito de mi oreja, o me he quedado obsesionado por algo que veo a través de una de las dos ventanas–. ¿Y qué veo allí afuera? No mucho. Todo.

La observación es diferente desde la bicicleta fija. Antes de sentarme en esta máquina, antes del asunto con la cadera, yo caminaba. Todo el tiempo, kilómetros por día, y era como si llevase mi mirada con una correa. Ese era el *porqué* de mi caminata, o al menos lo era en gran medida. Amaba la sensación de los ojos en movimiento. Las calles del vecindario casi siempre eran iguales, entonces solía fingir que mi mirada era una lente que se fijaba en una de esas plataformas rodantes para cámaras. Yo trataba de caminar a un buen ritmo para poder filmar todo lo que había a mi alrededor. Y, por alguna razón, eso me permitía ver todo de otro modo, poner las cosas en una nueva perspectiva. Es parecido a otro juego con el que me entretengo: hacer la forma de un rectángulo con ambas manos, usando los dedos pulgar e índice. Mirar por allí. Hacer clic. Dentro del pequeño rectángulo —o cámara fija caminante— está lo que normalmente se ve, junto con la *idea* de ver lo que normalmente se ve. Lo que lo hace diferente por completo. Y me estoy dando cuenta de que eso ocurre cuando me subo al asiento y comienzo a pedalear.

¿Cómo pienso en esto? Tiene que ver con cierto aburrimiento, una monotonía básica padecida dos veces por día durante veinte minutos. Tengo las dos ventanas de arriba, una que mira hacia la calle de abajo, unos pocos árboles altos, un poste con algunos cables y las partes visibles de otras casas. La otra ventana apunta a la casa de nuestros vecinos, a la ventana de su dormitorio, a través de la cual puedo observar el rectángulo apenas iluminado de la ventana más alejada y, a través de ella, la forma borrosa de la siguiente casa. Un campo visual nítido. No obtengo una vista privilegiada de lo cotidiano, aunque en la habitación está hospedándose Eleanor, la hija ya adulta de nuestros vecinos. Algunas veces cuando pedaleo puedo ver que su silueta oscura atraviesa la luz. Me pregunto qué puede estar haciendo allí. Hay tanto tiempo para elaborar hipótesis cuando se está haciendo girar los pedales una y otra vez, esperando que transcurra el tiempo.

La monotonía, así es. La monotonía de la vista exterior, y luego, de lo que está aquí mismo frente a mí. He puesto la bicicleta en la habitación de mi hijo, frente a su escritorio. Se encuentra en la universidad ahora y la habitación está tal cual él la dejó. Por eso he puesto aquí la bici, para quebrar ese hechizo. Me dispongo exactamente en el medio, haciendo tic-tac y bamboleándome. El sonido de los pedales hace que parezca un motor en funcionamiento, un motor que conduce éstos ejercicios de pensamiento, estas prolongaciones de la mirada, todo este pensar *sobre* la observación. Hay que abrir los ojos, me digo. Ejercer tanta presión que me olvide que estoy mirando, y luego dejar que eso, sea lo que sea, venga hacia mí,.

Me inclino hacia un lado y hacia el otro. No pienso en nada, consciente solo de lo que parece un borde difuso alrededor de los márgenes de mi visión. No sé durante cuánto tiempo me quedo así, pedaleando, escuchando como en una ensoñación el zumbido de los radios de la bicicleta, el áspero crujir de mis jeans. Pero en algún momento, me hallo estudiando el árbol con sus ramas desnudas que quieren alcanzar la ventana y el arbusto a su lado, repleto de nieve vieja que se vuelve violeta a la luz de la tarde, y luego veo cómo el asfalto se agrieta y cede apenas más lejos. No podría ser todo más bello. ¿Cómo? ¿Qué agregaría o cambiaría? ¿Qué mejoraría de este escritorio justo aquí frente a mí, con su pequeño montículo de libros, el periódico replegado y ese objeto oblongo tan curioso, esa *cosa* que se parece exactamente a una libélula que se ha establecido allí? Cada punto, pienso, es un centro alrededor del cual puede dibujarse un mundo. Se trata de prestar atención. Atención. En la calle, en el lugar en donde se hunde el asfalto, en el charco repleto de cielo. Gris, azul, perfecto. ¿Cómo pude haber estado sentado aquí todo ese tiempo, mirando hacia acá y hacia allá, sin haber visto esa porción encendida de luz tornadiza? La observación no tiene fin, pienso, mientras la habitación se inclina ligeramente de un lado a otro.

Prestar atención, *atender*. Estar presente, no solo en cuerpo; se trata de una acción del espíritu. "Atiende mis palabras" significa "inclina tu espíritu hacia mis palabras". Préstale atención. Una oración es un carril a lo largo del cual se conduce la atención. Una pintura es un camino visual que la mirada sigue. Ocurre lo mismo con una composición musical y la escucha. El arte es un llamamiento de atención. Para crearlo se requiere el foco mejor direccionado, al igual que para experimentarlo.

Suelo pensar en la conocida frase de la filósofa francesa Simone Weil respecto de que la atención absoluta sin desvíos que es la plegaria.

Atender, etimológicamente, es "estirarse hacia"[1]; tratar de alcanzar con la mente y los sentidos. Prestar atención implica "esforzarse hacia", lo cual, por ende, presupone un deseo anterior, una expectativa. Miramos una obra de arte y esperamos encontrarla con nuestra mirada; ya tenemos una noción de algo por tener, por obtener. Al leer (en esos momentos en que leer importa), permitimos que las palabras condicionen una expectativa y nos movemos hacia ella.

La habitación se mece de lado a lado, leve y constantemente. La apertura va disminuyendo. Lo que algunas veces me atrapa aquí, me provoca, es la cosa más pequeña, la que pasa más inadvertida, una que escaparía a la visión general de cualquiera –incluso la mía, excepto que por alguna extraña razón se ha convertido en mi misión considerarla, hacerla el centro de mi mirada–. Concentrándome en esa forma extraña, ese cierre de cremallera, esa libélula metafórica, siento la velocidad e imprecisión de mi mirada. En este momento no hay nada más. La fijo en el centro de mi mirada y me dirijo hacia allí. Y al identificarla, la veo. La lengüeta color plomizo que se ensancha desde su cuerpo, con sus bordes curvos, esto –lo que aún casi puede convencerme de que es el ala de aquel insecto– está diseñado para ser tomado entre los dedos pulgar e índice, y luego el cuerpo, conectado a la cinta acanalada que acepta los dos extremos estirados del cierre, ese cuerpo que se desliza hacia arriba o hacia abajo, juntando los dientes de ambos lados para que encajen. Una obra de ingeniería, pero dejada de lado por ser tan pequeña, tan común, otra de las tantísimas cosas en el mundo que son nada hasta que, por el motivo que sea, surge la necesidad.

No me cansaré de decir cómo la necesidad y el contexto cambian las cosas. Puedo imaginarme buscando por todos lados, dando vuelta la casa, porque es lo esencial, "hay que llevar un saco"; *¿Dónde lo vi?*

---

1 Atender proviene del latín *attendere*, formado por el prefijo *ad-* (proximidad) y el verbo *tendere* (tender o estirar). (N. de la T.)

Lo vi en algún lado. En ese instante es la respuesta a la pregunta, es lo deseado. Después de lo cual, por supuesto, se retira del foco de atención a su anterior cuasiolvido. Como debe ser. ¿Cómo serían nuestras vidas si siempre estuviéramos prestando semejante atención? Solo podemos brindarla cuando sea necesario, para lo que consideremos más importante en determinado momento. Y aquello a lo que atendemos da una idea de quiénes somos. Alguien presta muchísima atención a los detalles de la vestimenta y a la decoración de los interiores pero dedica pocos pensamientos a los animales, mientras que otro individuo solo puede pensar en ellos, etc.

En épocas pasadas, había menos cosas que reclamaran nuestra atención. El mundo puede ser, como dijo Ludwig Wittgenstein, todo lo que acaece... pero lo que acaece es mucho más que antes: la cantidad de cosas disponibles para nuestra mirada ha aumentado más allá de lo que creíamos posible. Ya no existen solo los principios básicos del material primario, sino que hay todo un universo loco y disparatado de imágenes y señales, fantasías y flujos de información que llegan a través de los dispositivos, que afectan a la propia atención y alteran su alcance e intensidad.

Llevo a cabo exactamente los mismos rituales en cada oportunidad, realizo los mismos movimientos: acomodo los auriculares, miro la hora; qué criatura más aburrida puedo ser. Incluso pienso *esto* cada vez. Pero la regularidad tranquiliza el alma y, ¿acaso Gustave Flaubert no insistía con que un escritor debía ser ordenado y monótono en su vida, como un burgués, para poder ser violento y original en su obra? Sí, lo pienso, e introduzco el primer giro: violento, original. Violento. Original. Y pronto estoy pedaleando, tranquilo, una vez más adentrándome en el pausado vistazo de lo que está frente a mí, las dos ventanas, el escritorio, la silla y su respaldo de ratán, antes de enfocarme nuevamente en las cosas que hay sobre el escritorio.

Pero —y aquí puede imaginarse el sobresalto poco demostrativo de un hombre poco demostrativo— ¡la libélula-cierre de cremallera no está donde estaba! Está allí sobre el escritorio, pero todo está torcido, en un ángulo completamente diferente. Si esto fuera una película, habría un saludo de cuerdas de bajo. Me obsesiono: ¿cómo pudo el objeto haber pasado del punto A al B? *Si nadie más ha estado aquí...* aunque luego, con una punzada de frustración, lo recuerdo. El personal de limpieza vino ayer, el escritorio obviamente estaba cubierto de polvo— y ahora de repente pienso en Sherlock Holmes, en las historias que leía una tras otra y aquello que me intrigaba tanto. Era precisamente esto: que la solución a un caso, cualquier caso, *sin excepción*, daría un giro debido a la pequeñez aparentemente más trivial, el mínimo detalle. Como si Arthur Conan Doyle estuviese probando cuánto podría depender de cuán poco. El taco de una bota, descubre Holmes, está un poco más gastado que el de la otra; una pizca casi microscópica de cierto tipo de tabaco es encontrada en una escalera; un documento —o el cierre de una cremallera, digamos— ha sido movido de un lado a otro del escritorio, lo cual indica, por supuesto, la secuencia precisa e irrefutable de hechos, el sendero exacto y el malhechor. Pero indica también —y esto es lo más profundo— que nada, *nada* puede descartarse. El accionar del mundo está delineado con exactitud en las superficies. Si algo no importa necesariamente en sí mismo, puede ser importante por lo que confirma acerca de otra cosa. ¿Y el cierre de la cremallera-libélula? ¿Qué me está confirmando a mí, en ese lugar día tras día? ¿Por qué me quedo observando ese trozo de metal en lugar de cualquier otro de las decenas de objetos dentro de mi campo visual —desde las pequeñas estatuillas de Buda en la cómoda de mi izquierda, pasando por los libros del escritorio, hasta el ratán de la silla y sus formas particulares— ? No puedo asegurarlo. ¿Será por la forma del objeto, el hecho de que se parezca tanto a algo que no es?

Me estoy desviando, a pesar de estar sentado, inmovilizado. Este detalle —secundario, trivial— es solo un escalón. Lo que verdaderamente importa, por supuesto, es la conciencia, el movimiento de la mente a través del mundo. Pienso en lo que el filósofo estadounidense William James denominó la "confusión floreciente y zumbante", la espiral de conciencia indisciplinada —desde la acción matutina del pulgar e índice que aprietan la pasta dental sobre el cepillo de dientes, hasta los movimientos automáticos y graduales de medir el agua para el café, la búsqueda de las llaves del auto en los bolsillos, y así sucesivamente—. Somos muchas cosas, algunas de ellas bastante nobles, pero también, con mucha frecuencia, estamos atascados en los detalles del momento, y también lo son nuestras percepciones. Y si queremos presentar la conciencia de una manera creíble, en cierta medida debe incluir la conciencia de las minucias. Si se quiere un término más elevado para esto, llamémoslo *fenomenología*. James Joyce, Virginia Woolf, Vladimir Nabokov, todos erigieron la bandera de su estética aquí. Pero, sean cuales fueren el arte y el género, los movimientos deben ser estratégicos. Porque la atención que se presta a grandes asuntos suele introducirse rápidamente en sus temáticas. Ajustamos nuestro foco. Contemplar el lienzo de una vista impresionante o un llamativo retrato, consiste en captar el tema, el artista nos lo está presentando porque es importante para él mismo. Observar la pintura de una manzana y la cáscara de un limón es inevitable que se convierta en una consideración de percepción en sí misma. Y lo mismo ocurre con el cierre de la cremallera.

Pedaleando de vuelta a mi anterior pensamiento, existe un estado que antecede a la atención, un deseo o una necesidad que la hace posible. Pensando en las maneras en que observo el arte o escucho música, distingo con facilidad lo que hago por obligación de lo que me entusiasma. Frente a la escena de una batalla, el fragmento mitológico, me obligo a prestar cierto grado de atención. Observo las formas y los colores, obedezco a los indicadores visuales que guían mi vista de un punto al otro; sé cómo disponerme para la narrativa, su intención temática. Incluso puedo experimentar ciertas satisfacciones al notar y sentir el equilibrio de los elementos, la exactitud de la ejecución, la expresividad de ciertos gestos y características. Todo esto presagia cierto tipo de atención. Pero no estoy *completamente* atento. No me me dedico tanto a mis propias inclinaciones, sino a obedecer a una serie de directrices básicas, como cuando leo una novela que está sólidamente caracterizada y tramada, pero que, por la razón que sea, no me tiene cautivo.

Otras obras —ciertas pinturas, novelas, piezas musicales— activan un conjunto completamente diferente de respuestas en mí. Cuando estoy cerca de un lienzo del artista neerlandés del siglo XVII Jacob van Ruisdael, por ejemplo, incluso antes de haberlo observado, cuando he visto solo lo suficiente a través de mi visión periférica que me sugiere que se trata de una de sus obras, experimento lo que es una *predisposición hacia*; me preparo para atender. Me siento elevado al estilo Ruisdael —que difiere del de Vermeer o Giacometti—. Es como si mis pupilas se dilataran para absorber los tonos específicos, los trazos que son su manera de dibujar árboles, las estrategias que utiliza para crear distancias en sus paisajes. Estoy observando, moviendo mis ojos de un lado al otro, atravesando toda la extensión de la superficie, aunque a lo que presto atención es más general, más profundo, y raramente demanda la verificación de una mirada intensa. Las pinturas que yo amo inducen a la ensoñación. Con Ruisdael es sencillo: imagino que el paisaje me rodea por completo. Lo ingiero, por lo que podría ausentarme del rincón que esté ocupando en cualquier galería o museo. Me atormentan sus tonos, las pinceladas de su ejecución, así como también su profundo pasado. No por su siglo o período en especial, sino porque es una versión de un mundo ido.

Aquí, la atención se topa con la distracción o, mejor aún, con el soñar despierto. No son lo mismo. Una es la maldición específica de nuestra época —el ser diluido y reducido a un borrón por todas las señales de rivalidad—, mientras que la otra se remonta a la niñez, pareciera ser el emblema mismo de la libertad del alma. La distracción interrumpe bruscamente la atención, disminuye su intensidad, mientras que el soñar despierto... la expresión en sí misma transmite la idea de una inmersión intensa. Asociativa, intransitiva: la mente atenta está bañada de duración. No tenemos idea del tiempo; estamos absolutamente absortos en nuestros pensamientos, imágenes, escenarios. El soñar despiertos está más cerca de nuestra experiencia del arte.

"La atención absoluta es plegaria". Continúo volviendo a esto, fastidia. Más aún porque no me considero creyente, aunque reconozco que el existir es un misterio que excede todo raciocinio. La palabra *plegaria* —tuve que buscarla— tiene orígenes proto-indoeuropeos. Es una súplica ferviente a Dios, una expresión de desamparo, el colocarse a sí mismo ante una fuerza superior. Es una expresión de agradecimiento, de gratitud, a Dios o a un objeto de adoración. Sin embargo, la acción es definida, involucra un deseo o una necesidad. Modificaré a Weil y diré que la atención no es un enfoque neutral de la conciencia sobre cierto objeto o acontecimiento, sino más bien una ausencia que espera ser abordada —o, en términos más sencillos, una pregunta a la espera de una respuesta—. Hay una gran diferencia entre intentar *prestar atención* a algo y tener nuestra atención *capturada* —detenida— por algo. La captura es lo que me interesa.

De un extremo a otro, estoy haciendo mi camino inmóvil a través del espacio, escuchando música, ingresando en un trance rítmico de algún tipo e incorporando lo que sea que esté frente a mí, tomando nota de la casa de enfrente, los árboles, la calle, el escritorio de mi hijo con su pila de libros, mirando de nuevo la libélula, el cierre de la cremallera. Incluso, tras haber resuelto el misterio he quedado prendido. Me han dado un codazo metafísico: debido a mi disociación he sido consciente de la *cualidad objetiva* de lo que estoy mirando. Cuando se le quitó el contexto familiar —una libélula que no podía ser—, se hizo, cómo decirlo, límpidamente presente para mí. Algo de ese distanciamiento aún persiste. Y me contamina, ya que mientras miro por encima del escritorio, de nuevo visualizo las ventanas, los árboles y los libros, pero todo parece diferente, suspendido en un aire más claro —no retenidos por mí como parte de una imagen o historia, sino como objetos independientes que existen y de los cuales estoy cerca—. Y entonces siento, antes de que retornen a lo familiar, que podría seguir mirando y mirando.

Marcel Proust escribió en algún lugar que el amor comienza con la observación, y la idea es sugerente. Pero si fuera así, lo opuesto también podría darse: la verdadera observación comienza con el amor. He aquí la cita de Flaubert que solía repetir a mis alumnos de escritura como si fuera un mantra: "Cualquier cosa se vuelve interesante si la miras lo suficiente". De nuevo aparecen las diferencias, las preguntas relativas a la prioridad. ¿Acaso lo que se mira *se vuelve* interesante, o su atractivo intrínseco emerge poco a poco? ¿El poder está en el objeto o en el acto de mirar? Si ocurre lo segundo, entonces las cosas del mundo ya se encuentran estratificadas con significado, y la observación no es más que el acto epifánico.

El contador digital, con sus indicadores de tiempo y distancia, hace clic imperturbablemente, con un número que aumenta mientras el otro disminuye. Me enfoco, hago algunos cálculos imprecisos y especulativos, pero al poco tiempo miro hacia otro lado y, de nuevo, me enfrento a la habitación, las ventanas, la calle y los árboles, todo en el mismo recuadro que antes, con la imagen que se balancea levemente de un lado al otro, el esfuerzo de mi respiración, los números que son solo un minúsculo remolino en una esquina de mi visión, y que pronto son desplazados por otra cosa, una nueva perturbación, como si la auténtica voluta de una nube recién hubiese bloqueado el sol, pero desde la ventana opuesta. Una forma que por un instante oculta la luz de la ventana trasera de la habitación. Eleonora, por supuesto, que se mueve de un lado al otro de su dormitorio; lo he visto cientos de veces, pero hoy, quién sabe por qué, de repente obtengo la vista al revés. Mira hacia arriba y nota mi presencia aquí. Se detiene. Considero la óptica, las posiciones relativas de nuestras ventanas separadas en relación con la luz del día, pensando si podrá verlo *a él* con claridad: su descomunal vecino, el hombre con su camiseta negra y jeans, sentado con las manos entrelazadas en la espalda, meciéndose levemente de un lado a otro.

Ser vistos, saber o imaginarnos que somos el objeto de atención de otro —cómo se siente depende de muchísimas cosas; en parte de la *naturaleza* de dicha atención—, ya sea de una manera neutral: la camarera que se acerca a la mesa y sonríe, agradable, con su paño en la mano; o irritante, como cuando bloqueamos un cruce con nuestro coche y los conductores de los automóviles que nos rodean empiezan a tocarnos bocina.

Pero, verdaderamente, la perspectiva, el punto de vista de otro, es tan poco natural, tan difícil de sostener. Con qué facilidad da un giro, se convierte de nuevo en la mirada del otro (que podría saber o no que es visible). Y, por supuesto, siempre estoy chequeando. Cada vez que me subo a la bicicleta, en general, apenas me estoy acomodando, poniéndome los auriculares, encontrando mi ritmo, echo un vistazo a la ventana de enfrente y miro. No se trata de voyerismo —aunque no voy a hacer de cuenta que estoy *más allá* de mirar a una persona que no sabe que se la está mirando—. No hay nada más interesante que contemplar a otro —casi a un otro *cualquiera*— en su hábitat de asumida privacidad. Pero esto nada tiene que ver con eso. Solo estoy aquí a la luz del día y, si bien algunas veces soy consciente de la forma difusa que sé que es Eleonora, o quizás algunas veces su madre, nunca veo nada inequívoco. Pero la conciencia hace la diferencia. Incluso si la persona está mirando para otro lado, solo la conozco como una mancha que se mueve a través de una leve luminosidad… Aun así, me siento distinto a si no hubiera nadie en la habitación.

Tengo una imagen en la mente. Recuerdo que siendo niño estuve con mis padres en una gran ciudad europea —calles y edificios antiguos— y pensaba, en esa forma arrebatada tan especial de los niños, que si viviera en ese lugar, allí, en esa calle, en ese inmenso edificio marrón, nunca más me sentiría solo. Allí siempre me sentiría a salvo, apenas a unos metros de otros seres humanos. Y *aún* puedo tener la misma sensación en algunas ciudades o en algunas partes de las ciudades que conozco. Pienso: ¿cómo puede ser que alguien que viva aquí en la avenida Commonwealth alguna vez pueda sentirse realmente solo? Me lo pregunto, a pesar de saber que a veces no puede haber mayor sentimiento de soledad que estar en una habitación de un hotel abarrotado, mientras se escuchan los sonidos apagados de otras personas por todos lados.

El contorno difuso de Eleonora (no hay nada que nos una); muy probablemente ella no tenga noción de mí al otro lado de los ventanales, pero me afecta el fragmento de su perfil. Algunas veces, me enfoco en ella; al principio, simplemente en mi ocio, preguntándome qué está haciendo allí —si está en su silla junto a la ventana, qué puede estar leyendo tan ensimismada, presumiendo que *está* leyendo, pero luego considero la situación con mayor amplitud: por qué está viviendo en la casa ahora, cómo ocupa sus días (no hay indicios de un trabajo diurno)— para, luego, con mayor abstracción y existencialismo, preguntarme *quién* es ella, qué tipo de cosas preocupan a esta mujer a quien he visto desde que era una beba recién llegada del hospital. Me doy cuenta de que no sé nada sobre ella. Nada.

No estaba en mi bicicleta fija cuando me vino a la mente lo que en verdad he estado queriendo decir, aunque "me vino a la mente" lo hace parecer como si hubiera llegado allí —a esta idea o apreciación— por primera vez, lo que no sería del todo cierto. Más bien, podría tratarse de la comprensión fundamental de la vida cotidiana de mi mediana edad. Aunque sé que hay percepciones tan fundamentales, tan cercanas a nuestra médula, que nos movemos a su alrededor viendo todo excepto a ellas. No es que en cierto grado no las conozcamos —claro que sí—, pero aun así, tenemos una sensación de verdadera sorpresa cuando las atrapamos *de nuevo*; esta vez no me voy a olvidar.

Me refiero a la atención en el sentido más amplio —me gustaría decir último—. La atención que se presta a la vida, al *hecho* de la vida, a los acontecimientos y a las personas, a su enorme importancia; todas las cosas que no podrían ser más obvias cuando nos despertamos, pero que realmente se desvanecen debido a la distracción, a veces por largos períodos. Entonces, cuando la sensación vuelve, parece como si fuera algo que debe resaltarse, cosido al estilo Blaise Pascal justo en el forro del abrigo, donde siempre se lo verá y recordará.

No estaba en la bicicleta esta última vez que brotó el reconocimiento, a pesar de que los reconocimientos suelen aparecer durante esos trances, cuando la mente está tan susceptible. Estaba recostado en la cama antes del amanecer, despierto, como es tan frecuente ahora —de pronto alerta con la sensación de: "¡Es esto! ¡Esta es mi vida!", que suele arribar y luego simplemente se desvanece, pero estaba allí, recostado con los ojos cerrados y la retuve—. Y ahí mismo supe que podía volver mi mente a cualquier trozo de mi historia y darle vida. Cualquier cosa: la fuente de agua de mi primera escuela, la sensación de caminar con mi amigo por los bosques de pino cerca de mi casa, rebotar en el extremo del trampolín del lago Walnut, despertar en una carpa sobre un terreno duro y en una bolsa de dormir empapada de rocío, saber el peso de mi hijo recién nacido cuando lo levanté por primera vez. Podía dirigir la mente hacia cualquier situación de mi vida y *tenerla* —saborearla allí en la oscuridad, incluso mientras me decía que esto no debía olvidarse, que debía prestársele total atención, que mi vida tendría sentido solo cuando cada una de estas situaciones sea conocida por lo que era... o es—. Ahora lo recuerdo, a la vez que me mantengo erguido con un gesto decidido, aunque sin moverme, y me quedo mirando fijamente hacia adelante mientras el mundo se balancea levemente de un lado a otro.